大型真菌基础实验

主审 王 科

主编 霍颖异 林文飞

参编 陈 璨 蒋金火

ZHEJIANG UNIVERSITY PRESS
浙江大学出版社
·杭州·

图书在版编目（CIP）数据

大型真菌基础实验 / 霍颖异，林文飞主编. -- 杭州：
浙江大学出版社，2025.4. -- ISBN 978-7-308-26020-6

Ⅰ. Q949.32-33

中国国家版本馆 CIP 数据核字第 2025X6C222 号

大型真菌基础实验

DAXING ZHENJUN JICHU SHIYAN

霍颖异　林文飞　主编

责任编辑	秦　瑕	
责任校对	徐　霞	
封面设计	周　灵	
出版发行	浙江大学出版社	
	（杭州市天目山路148号　邮政编码310007）	
	（网址：http://www.zjupress.com）	
排　　版	杭州朝曦图文设计有限公司	
印　　刷	浙江全能工艺美术印刷有限公司	
开　　本	787mm×1092mm　1/16	
印　　张	7	
字　　数	132千	
版印次	2025年4月第1版　2025年4月第1次印刷	
书　　号	ISBN 978-7-308-26020-6	
定　　价	49.00元	

前　言

在广袤的生命世界里,有一种独特的生物——大型真菌。它们能形成大型子实体、子座或菌核,人们常统称其为蘑菇或蕈菌。它们形态万千、种类丰富,从热带雨林的繁茂树冠,到高山苔原的冻土之下,处处都有其踪迹。

大型真菌与生态环境和人类生产生活密不可分。在生态系统中,大型真菌作为分解者,加速物质循环,对生态系统的平衡、稳定和健康发展起到了至关重要的作用。在日常生活中,餐桌上的美味食用菌,不仅带来了舌尖上的享受,还为人类提供了丰富的营养。在医药领域,许多大型真菌还守护着人类健康。

高等院校作为人才培养的重要阵地,肩负着开展生命科学教育的使命。通过引导学生科学认识生命,培养其科学素养、实践能力和社会责任感,对提升高校教学质量、完善学生知识体系有着深远的意义。大型真菌与自然生态、人类生活紧密联系,是生命科学教育的优质素材。

在长期教学过程中,我们欣喜地发现,学生对大型真菌表现出浓厚兴趣。基于此,我们精心编写了这本通识教材。它兼具科学性、科普性、趣味性和实用性,旨在带领学生通过实践,深入探索大型真菌的奥秘。通过本教材的学习,学生可较为全面地了解大型真菌在生态系统中的重要作用,掌握大型真菌分类鉴定的关键技术,学会人工栽培大型真菌的方法,深入认识其在医药、保健等领域的广泛应用。无论是高等院校的学生,还是对自然充满好奇的大众,这本教材都将成为其开启大型真菌知识宝库的一把钥匙。

现在,让我们一同踏上这场充满挑战与惊喜的大型真菌研究之旅,探索大自然赋予人类的这份珍贵宝藏,在求知的道路上收获知识与成长!

本教材的出版,得益于浙江省普通本科高校"十四五"重点教材建设项目和浙江大学本科教材建设项目的大力支持,在此致以诚挚的感谢。

由于编者水平有限,书中难免存在错误和不足之处,恳请广大读者批评指正。

编　者

2024年9月于启真湖畔

目　录

实验一 标本的识别、采集和制作

➤ **基础知识**

真菌是地球上分布较广泛的生物之一，具有重要的生态作用和应用潜力。它们具有多样的形态特征、营养模式和生态作用，表现出丰富的物种多样性。目前世界上已被描述的真菌约有16万种，其中大型真菌约4.4万种。

大型真菌指能够形成大型子实体、子座或菌核的一类真菌，广义上泛指蘑菇或蕈菌。大型真菌不是植物，不含叶绿素，不能通过光合作用制造养分，只能通过腐生、寄生或共生的营养方式生活。大型真菌是生态系统中不可或缺的分解者，它们将有机物分解为无机物，推动着生态系统的物质循环和能量流动。例如在森林中，动物和植物的残体或死体中的纤维素、半纤维素、木质素、淀粉、几丁质、脂类、蛋白质等有机物被菌类降解为植物根系可以吸收并利用的无机物，从而实现物质的循环利用。想象一下，没有菌类的话，森林的土壤将被厚厚的落叶和动物尸体覆盖，土壤中的无机营养将被植物吸收殆尽，森林将变成一片死寂。

1. 大型真菌的分布

大型真菌种类繁多，广泛分布于森林和草原。腐生性大型真菌有的生长于立木、倒腐木及树桩上，以分解木材为生，营腐生或兼寄生生活，引起树木或木材腐朽，称为木腐菌，如黑木耳、银耳、香菇、金针菇、灵芝等；有的生长于林地上，以土壤和凋落物为营养来源，其种类和分布与林地植被相关，如竹荪、蜜环菌、红菇、美味牛肝菌等；有的生长在草原上，以土壤、地表腐殖质或动物粪尿为营养来源，如黄绿蜜环菌、草原白蘑、双孢蘑菇等。寄生性大型真菌有的寄生于昆虫的幼虫或成虫上，称为虫生真菌，如冬虫夏草、蝉花、蛹虫草等；有的寄生于废弃的动物巢穴，如黑柄炭角菌。共生性大型真菌有的与植物根部共生并形成复合体(菌根)，称为菌根真菌，如松口蘑、牛肝菌等；鸡枞菌与白蚁共生。

2. 大型真菌的形态特征

大型真菌的子实体是一般肉眼可见的肉质或胶质的大型菌丝组织体,由分化的菌丝体组成,是产生有性孢子的"生殖器官",即我们通常所说的"蘑菇"。不同种类的大型真菌,其子实体的形态、结构、大小、质地、颜色等外观特征也不同。大型真菌子实体的形状以伞状最多,典型的伞菌子实体结构包括菌盖、菌盖下面的菌褶、菌柄、菌柄中部或上部的菌环以及菌柄基部的菌托、菌索等(图1-1)。但不是所有子实体都具有上述全部结构。菌盖、菌褶、菌柄、菌环与菌托的形态和结构是鉴别大型真菌的主要特征。

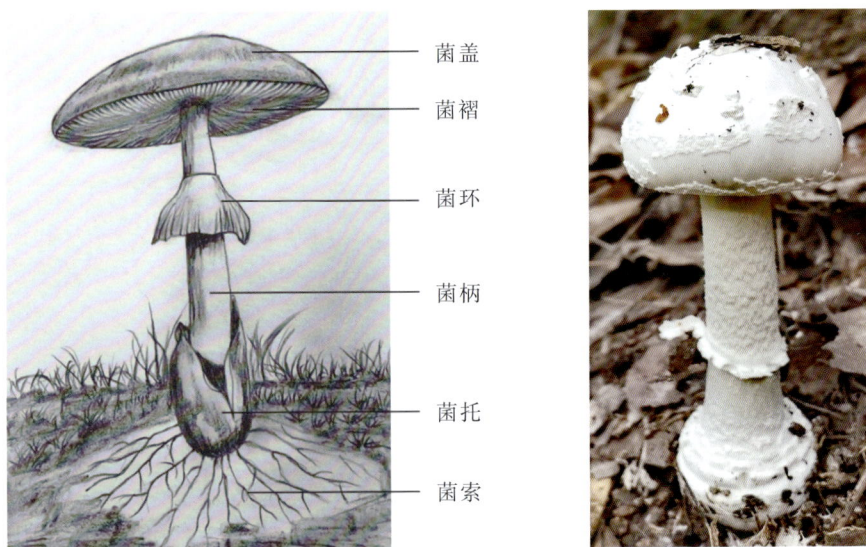

菌盖
菌褶
菌环
菌柄
菌托
菌索

图1-1 典型伞菌的子实体结构

<u>菌盖</u>是大型真菌子实体的帽状部分,由表皮、菌肉和菌褶或菌管等组成。因种类不同,菌盖的形状、颜色、表面质地、边缘形态各异(图1-2)。

<u>菌褶</u>是菌盖下面辐射生长的薄片,由子实层、子实下层和菌髓组成。子实层是菌褶最外面一层,由担子组成,是伞菌产生担孢子的地方;子实层也存在一些不孕细胞,如侧丝、囊状体等;菌髓是菌褶的中间部分,与菌盖的菌肉直接联系;子实下层是位于子实层和菌髓之间的一层很薄的组织。不同物种的菌褶颜色、着生方式、疏密、变色、微观结构等特征亦不相同(图1-3、图1-4)。

<u>菌柄</u>位于菌盖下,发挥着子实体的连接、支撑以及水分和营养运输的作用,其形状、长短、粗细、颜色、质地、是否中空等特征因种类不同而异(图1-5)。

<u>菌幕</u>是包裹在幼小子实体外面或连接在菌盖和菌柄间的一层膜状结构。内菌幕是某些幼小子实体菌盖与菌柄间的膜状结构。随着子实体长大,内菌幕破裂,一部分

残留在菌盖边缘,另一部分残留在菌柄上的即为<u>菌环</u>。菌环的形状、大小、厚薄、层数、着生位置等特征因种类不同而异(图1-6)。外菌幕是包裹在某些幼小子实体外的膜状结构。随着子实体长大,外菌幕破裂,一部分残留于菌柄基部成为形状多样的<u>菌托</u>(图1-7)。

半球形

卵圆形

钟形

平展形

伞形

扇形

珊瑚形

 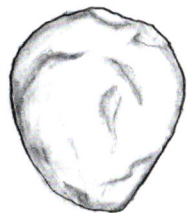

球形

图1-2　菌盖特征

 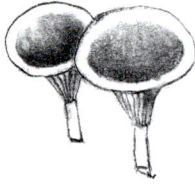  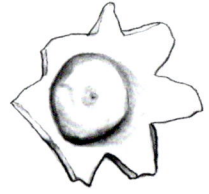

漏斗形 　　　　　　　　　　　　　　　星形

 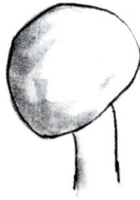  

光滑 　　　　　　　　　　　　　　　凸网纹

鳞片 　　　　　　　　　　　　　　　丛毛

 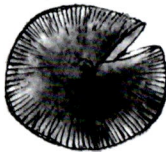  

条纹 　　　　　　　　　　　　　　　绒毛

边缘开裂

图 1-2　菌盖特征(续)

1. 疏;2. 密;3. 不等长;4. 有分叉;5. 有横脉;6. 管孔状

图1-3 菌褶排列方式

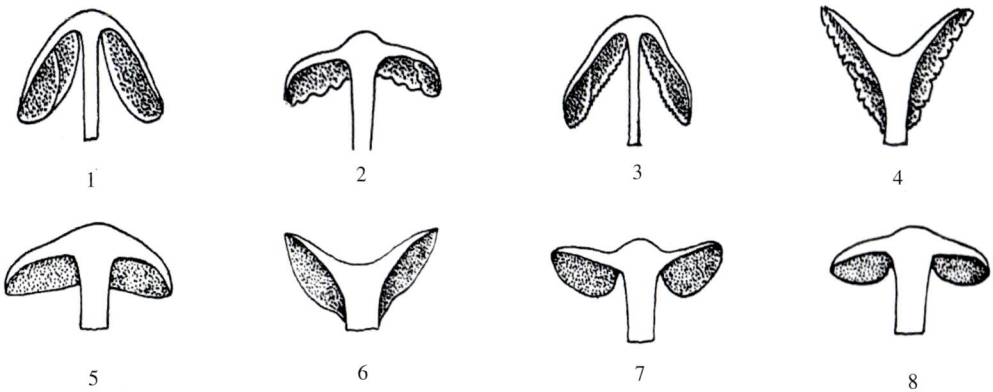

1. 全缘(平整);2. 波状;3. 锯齿状;4. 缺刻;5. 直生;6. 延生;7. 离生;8. 弯生

图1-4 菌褶褶缘和菌褶着生方式

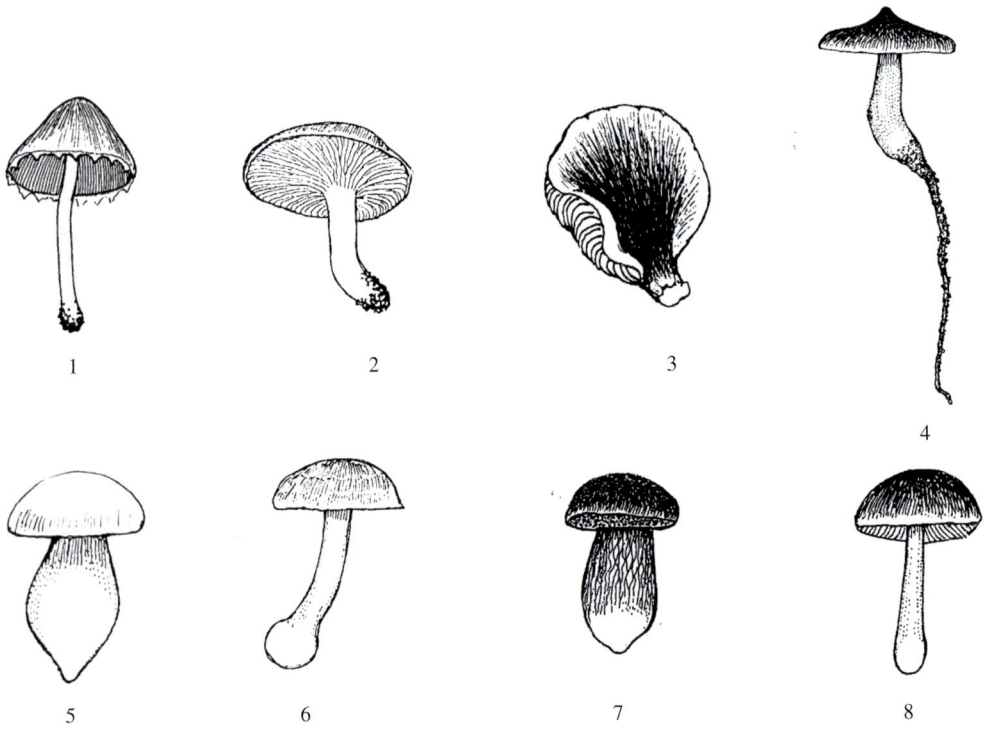

1. 柄中生；2. 柄偏生；3. 柄侧生；4. 基部延伸根状；5. 纺锤状；6. 基部膨大近球形；
7. 膨大具网纹；8. 棒状

图1-5　菌柄特征

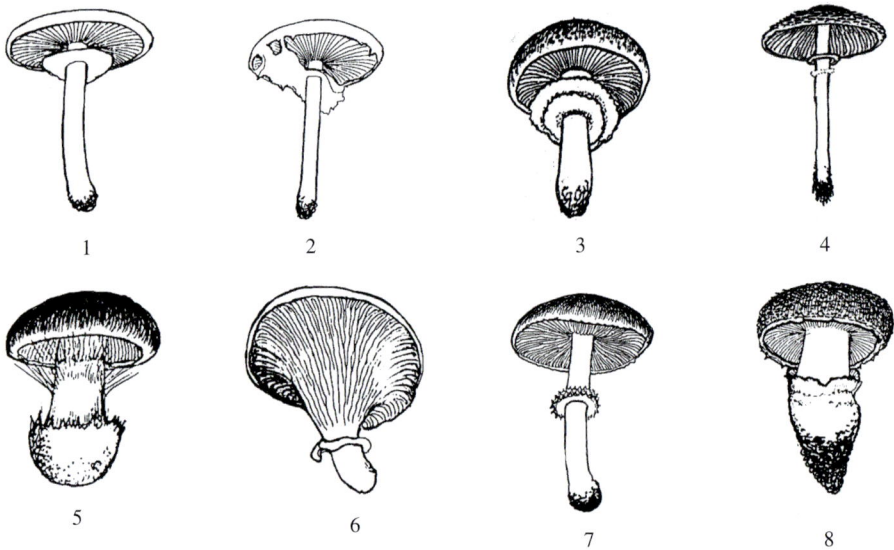

1. 膜质单层；2. 易破碎；3. 双层；4. 可上下移动；5. 蛛网状；6. 较厚；7. 齿轮状；8. 生基部

图1-6　菌环特征

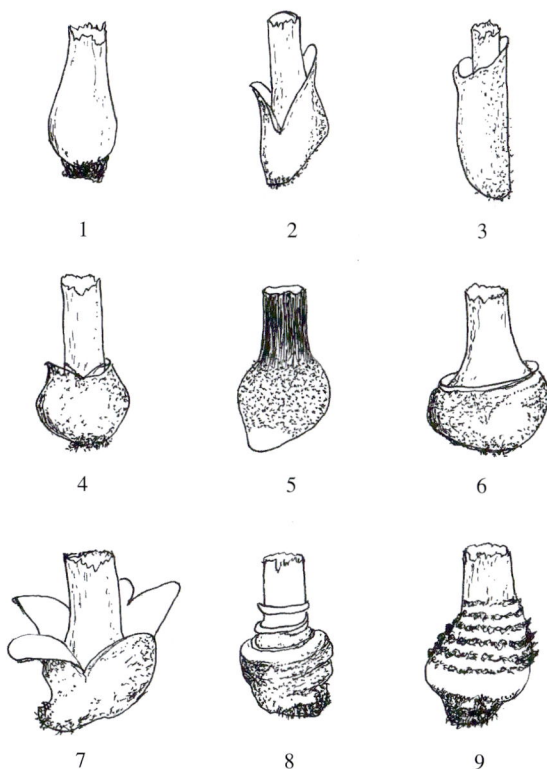

1. 小托状；2. 苞状；3. 鞘状；4. 杆状；5. 粉托状；6. 杵状；7. 瓣裂状；8. 带状；9. 颗粒状

图 1-7　菌托特征

3. 大型真菌的分类与命名

大型真菌的分类与其他生物一样，分类等级为界（kingdom）、门（phylum）、纲（class）、目（order）、科（family）、属（genus）、种（species），其中种是最基本的单位。大型真菌主要指真菌界（Fungi）担子菌门（Basidiomycota）和子囊菌门（Ascomycota）中个体较大的类群。其中绝大部分属于担子菌门（Basidiomycota），如香菇、平菇、金针菇、猴头菇、灵芝、木耳、银耳等；少数属于子囊菌门（Ascomycota），如羊肚菌、冬虫夏草等。

大型真菌的命名与其他生物一样，按照国际命名法进行命名，采用1753年瑞典生物学家林奈创立的"双名命名法"。每一物种的学名包含属名与种加词，由两个拉丁字或者拉丁化的字组成。以草坪上常见的黄白雅典娜小菇为例（图1-8），该物种归属于担子菌门（Basidiomycota）、蘑菇纲（Agaricomycetes）、蘑菇目（Agaricales）、小皮伞科（Marasmiaceae）、雅典娜小菇属（*Atheniella*），其学名为 *Atheniella flavoalba*（Fr.）Redhead et al.。第一个词是属名，一般用来描述该属生物的主要特征，*Atheniella* 源于希腊神话女神雅典娜（Athena），首字母大写且斜体；第二个词是种加词，一般用来描述该物种生物的主要特征，*flavoalba*

源于拉丁语的黄色和白色,首字母小写且斜体;括号内代表原命名者,缩写时加".",Fr.代表Fries;最后是再命名者,et al.代表省略了其他共同命名者。当某一真菌只能确定其属名,不能确定其种名时,其种加词用sp.表示,如 *Atheniella* sp.。

图1-8 黄白雅典娜小菇 *Atheniella flavoalba*（Fr.）Redbead et al.

4. 大型真菌的分类检索

分类检索表是鉴定生物种类的重要工具资料之一。通过查阅分类检索表,我们可以初步确定某一生物的分类地位。分类检索表一般采用二歧归类方法编制而成。即根据一类生物与另一类生物的一对或几对相对性状,分成相对应的两个分支,编列成相对应的项号,再根据另一对或几对相对性状,把每个分支分成相对应的两个分支,类推编项直至一定的分类等级。使用时,先详细观察标本,再查阅检索表,按照检索表一项一项仔细查对,往下查找,直至检索到终点,即可获得一个确定的分类地位。

下面以目前常见的人工栽培食药用大型真菌为例介绍分类检索表,相关真菌形态见图1-9。

大型真菌分类检索表（引自王相刚,《蕈菌学》）

1. 子实体盘状、马鞍状或羊肚状;孢子生于子囊之内 ………………… 子囊菌门

1. 子实体多为伞状;孢子生于担子之上 ………………… 担子菌门

2. 子实体胶质、脑状、耳状、瓣片状,无柄,黏,担子具有分隔或分叉 ………… 耳类

2. 子实体肉质、韧肉质、革质、脆骨质或膜质、木栓质,有柄或无柄,黏或不黏;担子不分隔 ·· 3

3. 子实体革质、脆骨质,或幼嫩时肉质老熟后革质或硬而脆;子实层体平滑,齿状、刺状或孔状 ·· 非菌褶类

3. 子实体肉质,易腐烂;子实层体与上项不同,或若为孔状时,其子实体一定是肉质的 ····································· 4

4. 子实体为典型的伞状,子实层体常为褶状,罕为孔状 ············· 伞菌类

4. 子实体闭合,子实层不明显,或在孢子成熟前才开始外露,或始终闭合 ··· 腹菌类

常见栽培大型真菌分类检索表(改自王相刚,《蕈菌学》)

1. 子实体胶质或半胶质,无柄;担子具纵或横的分隔 ····················· 2

1. 子实体肉质、木质、近海绵质或革质,多具菌柄;担子无隔 ············· 5

2. 子实体花叶状或脑状,白色或橙黄色;担子卵圆形,具纵隔 ··········· 3

2. 子实体耳壳状至近杯状,黑色至黑褐色,偶带丁香紫色;担子棒状,具横的分隔 ··· 4

3. 子实体花叶状,白色 ······················· 银耳(*Tremella fuciformis*)

3. 子实体脑状,橙黄色 ··········· 金耳(*Naematelia aurantialba*)

4. 子实体黑色,较薄,背面无明显的毛 ········· 黑木耳(*Auricularia auricula*)

4. 子实体黑褐色,偶带丁香紫色,背面多具较明显的黄褐色毛

···················· 毛木耳(*Auricularia polytricha*)

5. 子实体肉质或革质,子实层体刺状或孔状 ·························· 6

5. 子实体肉质或近海绵质,子实层体非如上述 ······················· 6

6. 子实体头状至近球状、白色,表面具明显的刺(子实层体)

·················· 猴头菇(*Hericium erinaceus*)

6. 子实体非如上述,子实层体孔状 ······························· 7

7. 子实体平伏,无柄,可食部位为生于地下的菌核 ········· 茯苓(*Wolfiporia hoelen*)

7. 子实体由菌柄与菌盖组成,可食部位为生于地上的子实体 ···········8

8. 子实体革质,柄偏生至侧生,表面红褐色至黑褐色,具光泽

·················· 灵芝(*Ganoderma lucidum*)

8. 子实体肉质,柄中生,多分枝,灰白色至浅褐色 ········ 灰树花(*Grifola frondosa*)

9. 子实体伞状或扇形,子实层体褶状,孢子成熟时由担子上主动弹出 ··········· 10

9. 子实体初闭合,卵球形,后开裂露出具柄的海绵质子实层托,子实层托呈菌盖状,下部具有网状菌裙,孢子堆黏液状,成熟时不能由担子上主动弹出 ············ 21

猴头菇

茯苓

金耳

灰树花

金顶侧耳

粉红侧耳

草菇

长裙竹荪

图1-9 常见栽培大型真菌

▶ **实验目的**

了解大型真菌鉴定、分类和命名的基本知识,学习并掌握大型真菌标本的野外观察、采集与标本制作方法。

▶ **试剂与器材**

1. 试剂

(1)乙醇-甲醛固定液:1000 mL 70%乙醇中加入6 mL甲醛。

(2)乙醇-醋酸固定液:1000 mL 90%乙醇中加入1 g醋酸汞、10 g中性醋酸铅和10 mL冰醋酸。

(3)甲醛-硫酸锌固定液:甲醛10 mL,硫酸锌2.5 g,水1000 mL。

2. 器材

篮子、铲子、纸袋、塑料袋、标本盒、照相机、钢尺、铅笔、放大镜等。

▶ **实验操作**

1. 采集时间选择

不同种类的大型真菌,其子实体萌发的季节也不同,夏秋多雨的季节,是采集大型真菌标本的最佳时期。

2. 采集地点选择

不同种类的大型真菌具有不同的生活习性,可生于森林、草地、湿地、粪堆、农田、虫体等多种生境。

3. 标本的采集

(1)发现:寻找并发现大型真菌子实体。

(2)拍照:在原地把子实体正、侧、倒和菌柄基部拍摄清楚,注意保证菌幕、菌环、菌托的完整性。

(3)采集:采集方法视菌类的质地和生长基质不同而不同。采集时,特别注意保留菌环和菌托等易脱落结构,保持其完整性;尽量同时采集菌蕾、未开伞幼体和已开伞的成熟体。

(4)记录:采集的新鲜标本应立即记录,原地就生态环境、标本的特征及其他需记录的事项进行仔细观察和测量,填写采集记录表(表1-1),挂上记有编号、日期和采集人的标牌。

表1-1　菌类采集记录表

编号　　　　　　　　　　　　　　　　　　　　　　　　　年　　月　　日

菌名	中文名		俗名	
	学名			
产地	省（区）　　　县		海拔(m)	
生境	冻原、针叶林、阔叶林、混交林、 灌丛、草地、草原、田野		基物:地上、腐木、立木、 粪上、腐枝落叶层、虫体	
生态	单生、散生、群生、丛生、簇生、叠生			
菌盖	直径(cm)	颜色	黏、不黏	
	钟形、斗笠形、半球形、漏斗形、平展		边缘有条纹、无条纹	
	块鳞、角鳞、从毛鳞片、纤毛、疣、丝光、龟裂、粉末、蜡质;干、湿			
菌肉	颜色　　气味　　味道　　汁液　　厚　　薄		变色反应	
菌褶	宽(mm)	颜色	密　中　稀	
	等长、不等长、分叉、网状、横脉			
	全缘、波状、锯齿状、缺刻;离生、直生、弯生、延生			
菌管	管口(mm)		圆形、多角形	
	管面颜色		管里颜色	
菌环	上、中、下;单层、双层;膜质、丝膜;脱落、不易脱落;移动、不移动			
菌柄	长(cm)×粗(cm)		颜色	
	圆柱形、棒状、纺锤状、假根;偏生、中生、侧生、无柄			
	鳞片、腺点、丝光、条纹;肉质、纤维质、脆骨质、松软;实心、中空			
菌托	颜色		苞状、杯状、浅杯状、鞘状;大型、小型	
	附属物		消失、不易消失、退化	
孢子印	白色、粉红色、锈色、褐色、青褐色、紫褐色、黑色			
经济价值	食用、药用、有毒			
备注				

*将特征按表填写或画"√"勾选。

4. 标本的制作

采回的标本经鉴定后应及时处理,一部分用于孢子印的制备以及孢子的显微观察,一部分用于菌种分离,一部分用于制作标本并保存。

(1)干制标本:对于木质、木栓质、革质、半肉质和其他含水分少且不易腐烂的标本,可用干燥法制备干标本。

将标本放在通风干燥处使其自然干燥,或放在日光下晒干,或借助炭火或烘箱烘干(图1-10)。将干燥的标本放入塑料袋或标本瓶中,并放入1~2粒樟脑丸及标本标签(图1-11)。

图1-10　便携式干燥机

图1-11　干制标本(鸡枞菌)

也可直接使用冷冻干燥机冷冻干燥新鲜标本(图1-12),该方法可保持其原有形态和色泽,且不损伤标本细微结构(图1-13)。

图1-12　冷冻干燥机

图1-13　冷冻干燥标本(凸顶红黄鹅膏)

(2)浸制标本:对于水分含量大、不易干燥,或易腐烂,或做展览、教学或研究用的标本,可用液浸法保存。

一般可使用乙醇-甲醛固定液;若标本色素易溶于水,可使用乙醇-醋酸固定液;若标本色素不易溶于水,则可使用甲醛-硫酸锌固定液。

将标本清理干净后,置入固定液中。若标本在固定液中飘浮,可将其固定在长玻璃条或玻璃棒上,使其完全浸没于固定液中(图1-14)。然后用石蜡密封瓶口,贴上标签,置于标本柜中保存。

图1-14　浸制标本(羊肚菌)

> **思考题**

(1)举例说说日常生活中常见的食用或药用大型真菌。

(2)野外大型真菌标本采集需要携带哪些工具？有哪些注意事项？

> **知识扩展**

《中国生物多样性红色名录——大型真菌卷》

生物多样性是指生物与环境形成的生态复合体以及与此相关的各种生态过程的总和，包括物种多样性、遗传多样性和生态系统多样性三个层次。生物多样性是人类社会赖以生存和发展的基础，而人类活动也威胁着生物多样性。由于人类活动对生态环境的负面影响，人类目前可能正在经历第六次生物大灭绝，据估计，每年有多达14万个物种灭绝。联合国大会于2000年宣布每年5月22日为"生物多样性国际日"，以增加人类对生物多样性问题的理解和认识。

开展生物多样性濒危现状评估和红色名录制订是全球生物多样性保护界的共识，是各国政府制订生物多样性保护战略规划的依据和前提。为全面掌握我国生物多样性受威胁状况，提高生物多样性保护的科学性和有效性，2008年，生态环境部联合中国科学院启动了《中国生物多样性红色名录》的编制工作。2018年，《中国生物多样性红色名录——大型真菌卷》正式发布，为我国制定大型真菌保护政策、规划以及大型真菌资源的可持续利用提供了科学依据。

我国是生物多样性最丰富的国家之一，大型真菌种类丰富，已知种类约15000种，其中食药用菌有1700多种。我国也是生物多样性受威胁最严重的国家之一。资源过度利用、环境污染、气候变化、生境丧失与破碎化等因素，严重威胁大型真菌多样性。例如，分布在青藏高原及周边地区的药用真菌冬虫夏草，因气候变化、生态环境破坏以及过度采挖，面临严重的种群密度减少和分布区萎缩的问题。

评估涵盖了我国(包括台湾地区)9302种大型真菌，其中大型子囊菌870种、大型担子菌6268种、地衣型真菌2164种，分属于2门14纲62目227科1298属。评估结果显示，我国受威胁的大型真菌物种(包括疑似灭绝、极危、濒危、易危)共97个，包括大型子囊菌24种、大型担子菌45种和地衣28种，占被评估大型真菌物种总数的1.04%。

评估认为，过度采挖和开发利用，以及不良的采挖方式是食药用大型真菌的主要威胁因素；环境污染和生境退化是地衣的主要威胁因素；此外，全球气候变暖、土地利用、森林砍伐导致的栖息地丧失也是影响大型真菌生存的重要因素。

《世界真菌现状报告》

英国皇家植物园邱园坐落于英国伦敦，是世界上最著名的植物园之一，也是世界上最重要的植物学和真菌学研究机构之一。邱园的世界植物和真菌状况项目评估了人们目前对全球植物和真菌多样性的了解、它们面临的全球威胁以及相关保护政策。邱园《世界植物和真菌现状报告》(State of the World's Plants and Fungi)自2016以来，已经发布了五版(https://www.kew.org/science/state-of-the-worlds-plants-and-fungi)。

State of the World's Plants and Fungi 2023

Our fifth report in the *State of the World's* series lays out the current condition of the world's plants and fungi globally.

Download the 2023 report

State of the World's Plants and Fungi 2020

The fourth report in the *State of the World's* series which combines both plants and fungi.

Download the 2020 report

State of the World's Fungi 2018

Kew released the first ever *State of the World's Fungi* report revealing how important fungi are to all life on Earth.

Read the 2018 report on Kew's Research Repository

State of the World's Plants 2017

This is the second annual report in which we have scrutinised databases, published literature, policy documents, reports and satellite imagery to provide a synthesis of current knowledge on the world's plants.

Read the 2017 report on Kew's Research Repository

State of the World's Plants 2016

The original *State of the World's Plants* report provided, for the first time, a baseline assessment of our knowledge on the diversity of plants on earth, the global threats these plants face, and the policies dealing with them.

Read the 2016 report on Kew's Research Repository

图1-15 邱园发布的五版《世界植物和真菌现状报告》

2018年，邱园发布了首个《世界真菌现状报告》(State of the World's Fungi)，首次系统阐述了在全世界范围内人类对真菌的了解与利用，强调真菌对地球上所有生命的重要性。报告提到，据估计，全球食用蘑菇市场每年产值为420亿美元。全世界至少有350种真菌被收集并作为食物食用（因信息不全，实际数字应该更高）。在野生真菌中，最常被食用和交易的种类是红菇(*Russula* spp.)和乳菇(*Lactarius* spp.)。常见的栽培种有香菇、侧耳、黑木耳、蘑菇和金针菇，这几种蘑菇的市场占有率为85%。

报告中有专门一章特别聚焦中国，探讨了中国真菌物种多样性、地理分布、经济和生态价值以及真菌的保护利用。中国是世界上最大的食用菌生产国，2017年的产量可达

3842万吨,占全球总产量的75%。如此规模的产量意味着能提供2500万个就业岗位,种植者的收入约为2863亿元,食用菌的出口额可达38.4亿美元。中国共报道了1789种食用真菌和798种药用真菌,其中的561种兼具食用和药用价值。有超过100种真菌已经被驯化栽培,其中60%已商业化生产。

线上资源

实验二　显微观察

➤ 基础知识

1. 大型真菌的生活史

担子菌的生活史指由担孢子到产生新一代担孢子的过程,可以大致分为营养生长和生殖生长两个阶段。

单核的担孢子萌发生成单核菌丝,即初生菌丝(单倍体 n,图 2-1A)。

菌丝发生同宗配合或者异宗配合,即两条同性或异性的菌丝融合发生质配而不进行核配(图 2-1B),形成双核菌丝,即次生菌丝(双核体 $n+n$,图 2-1C)。菌丝生长壮大并交织成丝状体或网状体,成为菌丝体(在人工固体培养基上形成菌落),为子实体的发生成长储备丰富的生物量。

大多数担子菌和极少数子囊菌在次生菌丝阶段进行细胞分裂时,形成锁状联合(图 2-2),即分裂前在两核间形成一个喙状突起,一个核进入喙状突起,另一个核留在细胞下部;双核同时分裂为四核,其中两个核留在细胞上部,另外两个核中的一个核进入喙突中,另一个核留在细胞下部;细胞中部和喙基部均生出横隔,将原细胞分成前后两部分和喙突部,上部是双核细胞,下部和喙突部暂为两单核细胞;喙突尖端继续下延与下部细胞接触并融通,喙突中的核进入下部细胞内,形成一个带有喙突的双核细胞。

部分菌丝进一步发育,特化形成三生菌丝(双核体 $n+n$)并逐渐发育为子实体(图 2-1D)。三生菌丝包括骨骼菌丝、生殖菌丝和营养菌丝等。

子实体成熟后,菌褶子实层中的担子(图 2-1E)经核配(二倍体 $2n$,图 2-1F)和减数分裂(图 2-1G)形成单倍体的担孢子(单倍体 n,图 2-1H)。

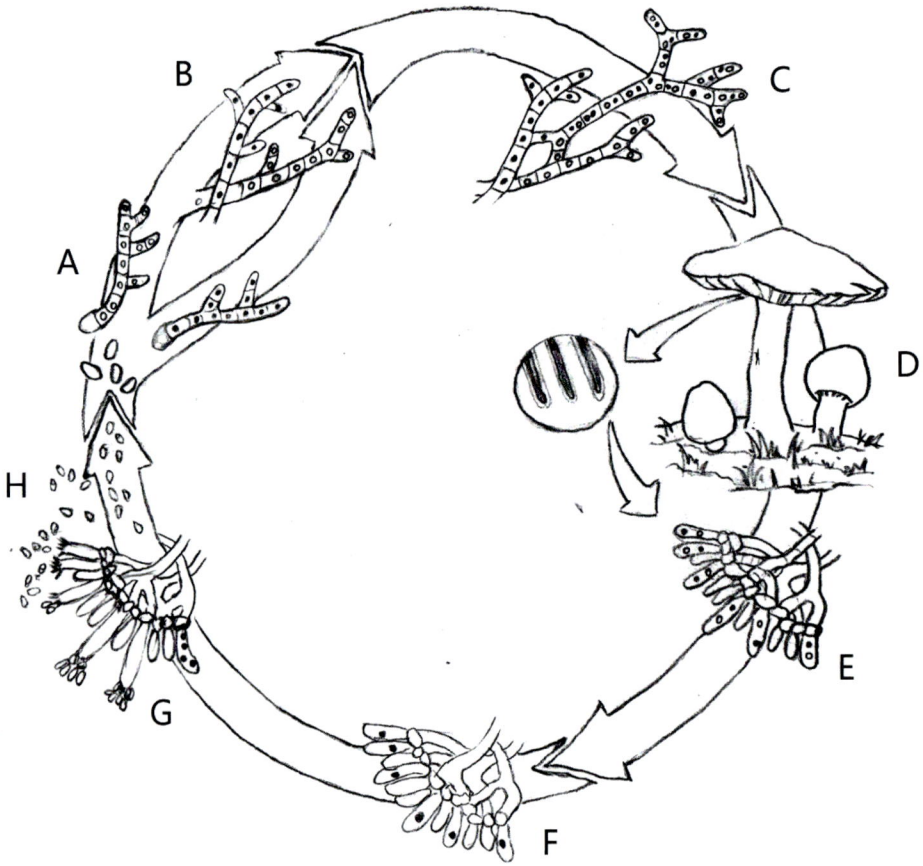

图2-1　担子菌生活史

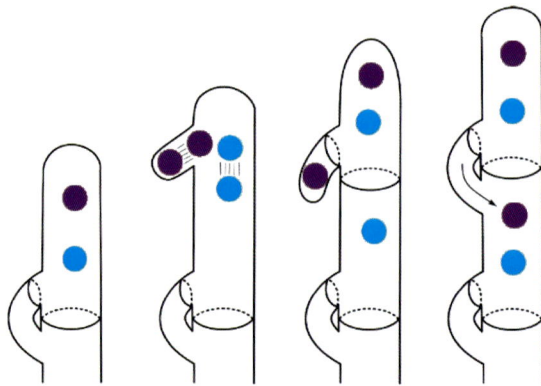

图2-2　锁状联合模式图

子囊菌的生活史中,初生菌丝、次生菌丝和三生菌丝的发育过程与担子菌类似,但有性生殖过程与担子菌有较大不同。子囊菌的产孢结构为子囊,由受精的产囊体上的产囊丝发育而来;子囊菌通过钩状联合产生子囊孢子,而担子菌的锁状联合是一种产生大量次生菌丝的细胞分裂方式。

2. 孢子的产生

孢子是大型真菌的"种子"。大型真菌主要产生有性孢子,即经由质配、核配和减数分裂形成的单倍体孢子。因大型真菌种类不同,其孢子形成方式也有所不同,这是大型真菌分类鉴定的重要依据之一。担子菌门和子囊菌门的名称即来源于真菌有性繁殖的结构和产生有性孢子的种类。

担子菌个体具有特化的产孢结构,即通常由菌丝顶端细胞膨大成棒状的担子。担子细胞核经过核配和减数分裂形成4个单倍体细胞核,担子上产生4个管状的小梗,4个核分别进入小梗内,然后在小梗顶端形成4个外生的担孢子。每个担子通常产生4个担孢子(图2-1G)。担孢子由小梗与担子相连,成熟的担孢子由小梗弹射散出。

担子菌的担孢子多产生于菌褶上。静止状态下,担孢子按菌褶排列方式散落在纸上或其他载体上,形成独特图纹,即为孢子印(图2-3)。孢子印的大小、颜色及其所反映的菌褶排列形式是大型真菌分类鉴定的重要依据之一。

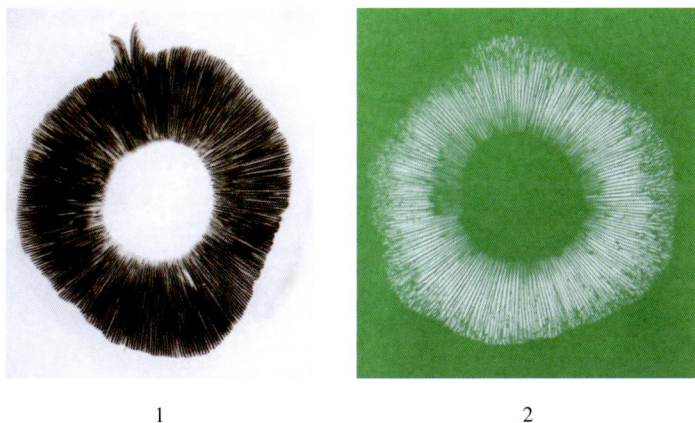

1. 双孢蘑菇孢子印;2. 香菇孢子印

图2-3 担子菌孢子印

子囊菌个体在子囊中产生子囊孢子,形成含有子囊的子实体。子囊菌在有性过程中形成子囊,子囊多为圆柱状、棒状、球形或椭球形(图2-4)。子囊内细胞核经过核配和减数分裂形成4个单倍体细胞核,再经过一次有丝分裂形成8个单倍体细胞核,然后每个核周围的细胞质与其余细胞质分离形成子囊孢子。子囊中通常产生8个子囊孢子。

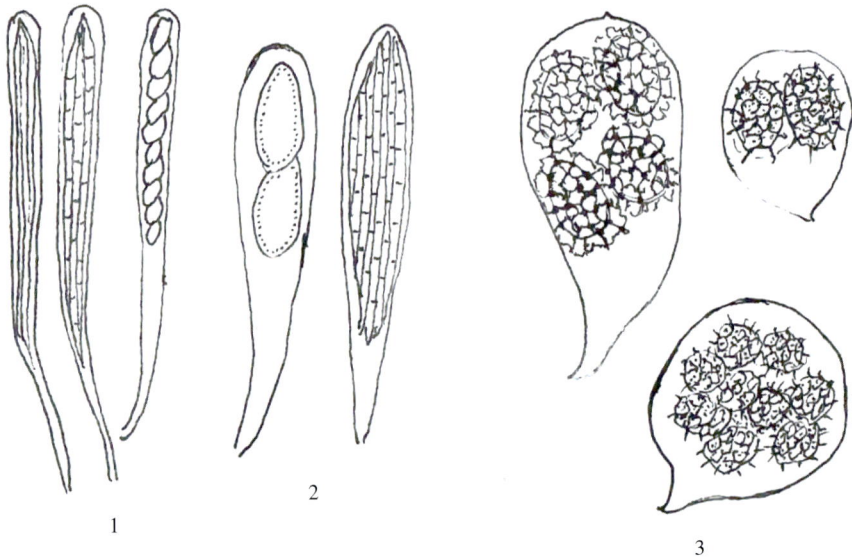

1. 圆柱形；2. 棒形；3. 球形或椭球形

图2-4 子囊菌的子囊和子囊孢子

3. 孢子的形态

孢子的形状、大小、颜色、表面特征、孢壁厚度等特征是大型真菌分类的重要依据之一，其形态和结构需依靠高倍光学显微镜或电子显微镜才能观察到。

大型真菌种类不同，孢子的形态和结构也有不同。孢子的形状常见有球形、椭圆形、圆柱形、卵圆形等，也有梨形、星形、柠檬形、豆形、肾形、香肠形、纺锤形等（图2-5）。孢子形状可用光学显微镜观察。孢子的大小为 $5\sim12~\mu m$。孢子的颜色根据其在显微镜下水中的颜色确定。但应注意，若孢子颜色较浅（如浅黄色），则看起来可能是无色的；新鲜标本的孢子应立即观察并判断其颜色，否则孢子颜色可能会发生变化。孢子表面有光滑、粗糙、小疣、刺棱、沟纹、纵条纹等特征（图2-6），需使用扫描电子显微镜观察孢子表面的清晰特征（图2-7、图2-8）。本实验中，我们使用普通光学显微镜观察孢子的形状和颜色。

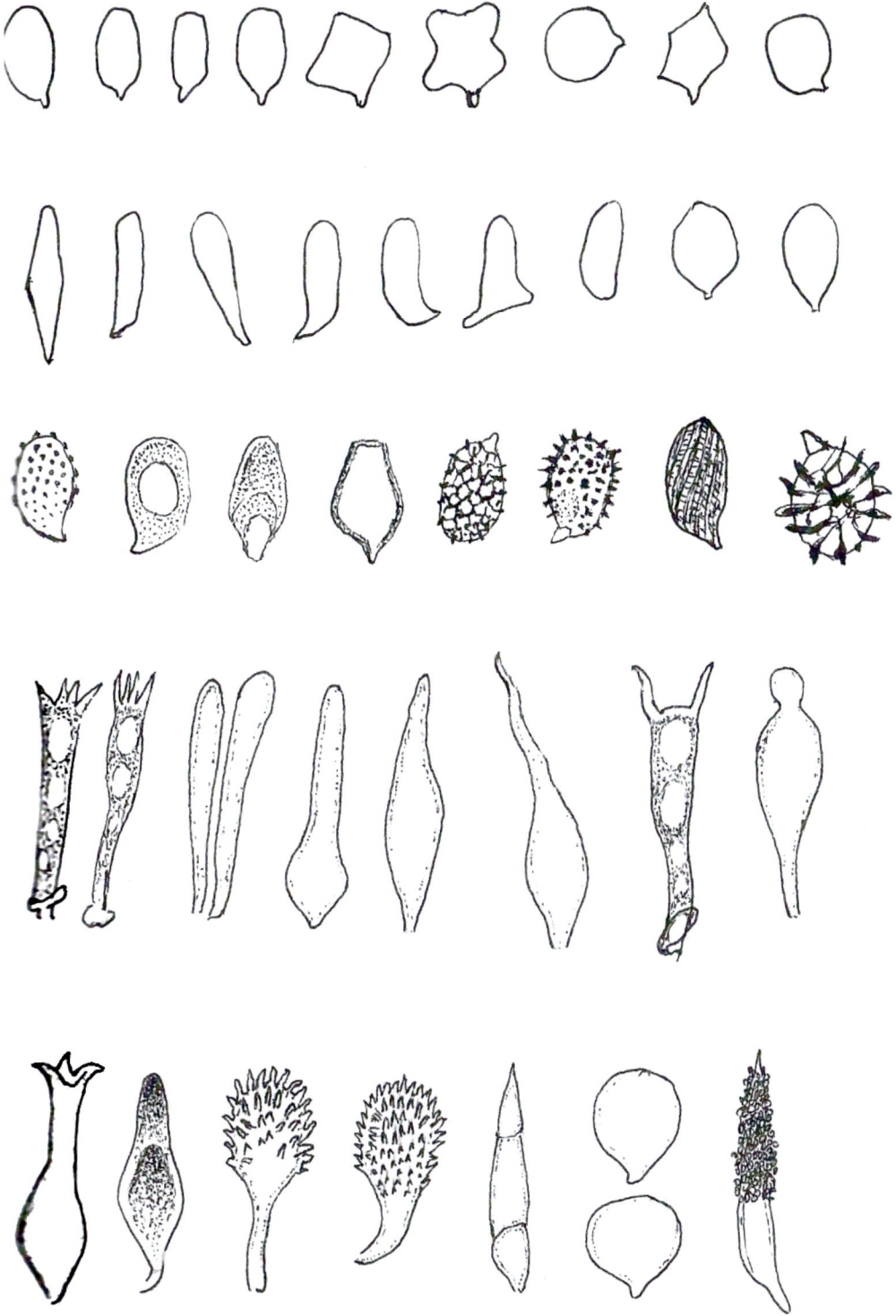

图 2-5 各种形状的孢子

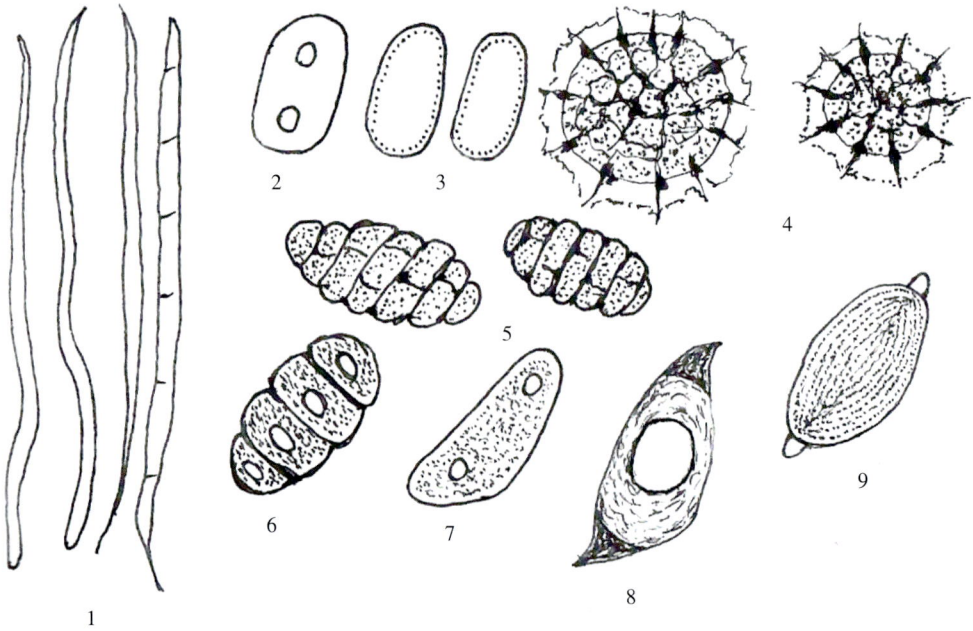

1. 线形或有分隔；2. 具油滴；3. 光滑；4. 具翅刺；5. 砖隔状；6. 具分隔；7. 近肾形；
8、9. 两端凸起

图 2-6　孢子的表面形态

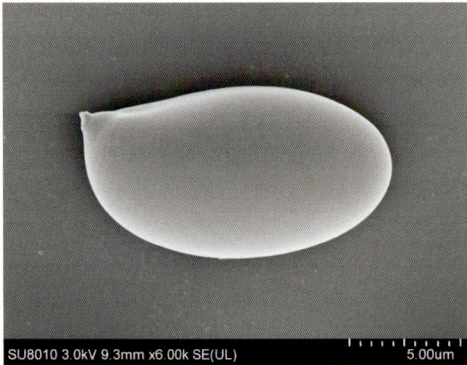

图 2-7　黑皮鸡枞菌（*Hymenopellis raphanipes*）孢子的扫描电镜图片

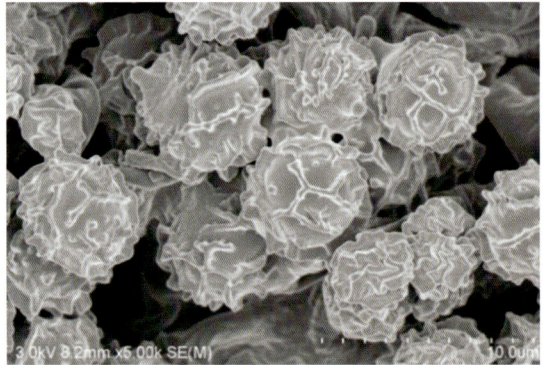

图 2-8　近紫柄红菇（*Russula paravioleipes*）孢子的扫描电镜图片

4. 光学显微镜

普通光学显微镜的构造可分为机械装置和光学系统两大部分（图2-9）。

（1）机械装置是固定与调节光学镜头，放置和定位玻片标本的部分。

载物台中央的孔为光线通路。载物台上方的玻片夹用于固定玻片标本。载物台右下方的两个玻片夹移动手轮可以使载物台和玻片夹前后左右移动，方便调整镜检对象位置于视野中心。玻片移动夹上常装有纵横游标尺，可用于测定标本的大小，或对被检部

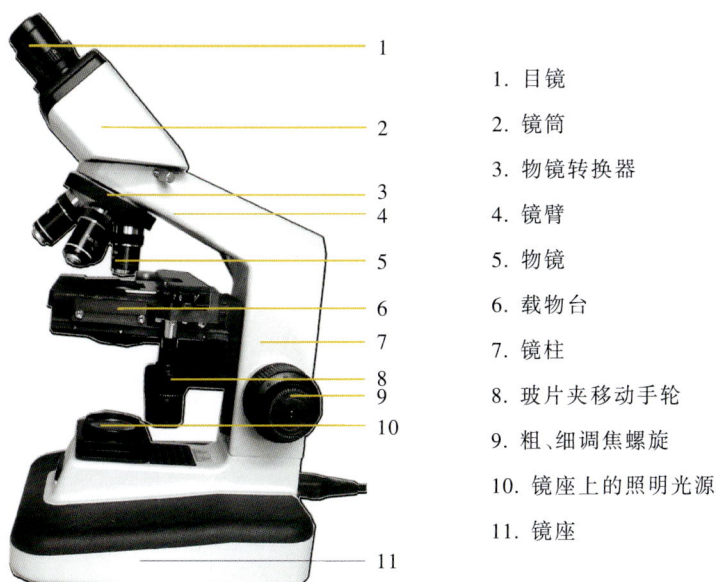

1. 目镜
2. 镜筒
3. 物镜转换器
4. 镜臂
5. 物镜
6. 载物台
7. 镜柱
8. 玻片夹移动手轮
9. 粗、细调焦螺旋
10. 镜座上的照明光源
11. 镜座

图 2-9 普通光学显微镜构造

分做标记便于再次观察。

镜筒上接目镜,下接物镜转换器。从物镜的后缘到镜筒尾端的距离称为机械筒长。物镜的放大率是对一定的镜筒长度而言的。显微镜的国际标准筒长为 160 mm,此数字标在物镜外壳上。

物镜转换器具有 3～5 个物镜螺旋口,以安装不同放大倍数的物镜。转动物镜转换器,可按需要将任一物镜和镜筒接通,与镜筒上面的目镜构成一个放大系统。注意:请转动物镜转换器切换不同的物镜镜头,切勿扭动镜头切换。

镜臂上有调焦螺旋。大的是粗调焦螺旋,小的是细调焦螺旋,两者常共轴。转动调焦旋钮可使镜筒或载物台上下移动,以调节焦距,使标本与物镜的距离等于物镜的工作距离,从而获得清晰图像。粗调焦螺旋是粗放地调节焦距,要使物像非常清晰,需要进一步调节细调焦螺旋。

(2)光学系统包括物镜、目镜、聚光器及反射镜四部分。

物镜安装在物镜转换器下方,其作用是将标本作第一次放大,形成倒像。普通光学显微镜中,放大倍数为 3×～65× 的物镜属干燥物镜,放大倍数为 90× 或 100× 的物镜属油浸物镜,简称油镜。用油镜时,在物镜和玻片标本之间需要加折射率大于 1 的液体(如香柏油)作为介质,将镜头浸于介质中进行观察。仅在观察极微细的结构时,才使用油镜。普通光学显微镜常配有 4×、10×、40× 和 100× 四种镜头。物镜上通常标有放大倍数、数值孔径、工作距离等主要参数。如 10× 物镜上标有 10/0.25 和 160/0.17,其中 10 为物镜的放大倍数;0.25为数值孔径;160为镜筒长度(单位 mm);0.17为盖玻片的标准厚度(单位 mm)。10×物镜有效工作距离为 6.5 mm,40×物镜有效工作距离为 0.48 mm。

目镜安装在镜筒的上端,其作用是将物镜放大的倒像进一步放大。双筒显微镜两目镜的距离可调节,以适应不同观察者的瞳距。目镜上常有屈光度调节装置,以便于两眼视力不同者使用。普通光学显微镜的目镜放大倍数常为 10×。

聚光器又叫集光器,在载物台下方,由聚光透镜、孔径光阑和升降螺旋组成。在实际操作中,调节聚光镜孔径光阑的大小可改变显微镜的成像质量。

➤ 实验目的

了解大型真菌的生活史以及有性孢子的产生方式。学习并掌握担子菌孢子印的制作方法以及孢子、菌褶和菌丝体的显微观察方法。

➤ 实验材料

新鲜成熟的担子菌子实体。可采集野生菌,也可使用栽培食用菌,如香菇(*Lentinula edodes*)、双孢蘑菇(*Agaricus bisporus*)。

➤ 试剂与器材

1. 试剂

蒸馏水、香柏油、二甲苯。

2. 器材

各色纸片、小刀、烧杯、胡萝卜条、培养皿、显微镜、载玻片、盖玻片、镊子、解剖针、接种环、吸水纸。

➤ 实验操作

1. 孢子印制作和孢子收集

(1)选取新鲜成熟子实体 1~2 个,切去菌柄,充分暴露菌褶。

(2)将菌盖菌褶面扣于白色、黑色或彩色纸片上。需要注意的是,需根据孢子颜色选择具有颜色反差的纸片。例如,香菇的孢子印为白色,需使用黑色或彩色纸片;双孢蘑菇的孢子印为棕色,可使用白色纸片。若第一次做,可同时使用白色和黑色纸片。

(3)用烧杯罩住菌盖,保湿并防止扰动。

(4)在室温下放置 2~10 h(具体时间根据菌菇种类和成熟度不同而变化)后,小心拿起菌盖,即可获得孢子印(图 2-10)。

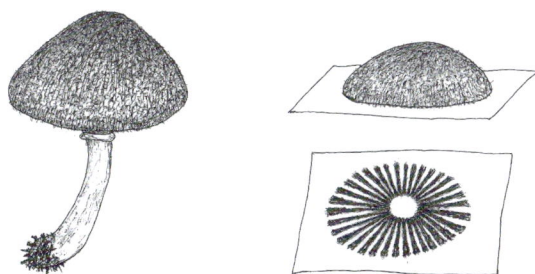

图 2-10 孢子印的制作

2. 孢子玻片标本制作

(1)取一片载玻片,在载玻片中央滴一滴蒸馏水。

(2)在孢子印上用解剖针蘸取部分孢子,或用接种环在菌褶两侧涂取孢子,将孢子涂于载玻片上的蒸馏水中。

(3)用镊子夹住盖玻片,将盖玻片的一边轻轻接触载玻片上的水滴,再轻轻放平盖上,并用吸水纸轻轻吸去多余的水。

(4)用显微镜观察孢子的形状、大小和颜色等特征。

3. 菌褶玻片标本制作

(1)取即将弹射孢子的菌褶一片。

(2)方法一:将一小片菌褶放置在载玻片中央,盖上盖玻片,手指向菌褶褶缘的另一侧滑动盖玻片,显微镜下观察褶缘侧。

(3)方法二:将菌褶夹入胡萝卜条中间,用刀片横切成薄片,将切片放入盛有蒸馏水的培养皿中。在载玻璃片中央滴一滴蒸馏水,挑选薄的切片置于水滴中,盖上盖玻片,即可在显微镜下观察。

(4)用显微镜观察担孢子、担孢子着生方式、担子大小、囊状体的性状和大小、菌髓细胞等。

4. 菌丝体玻片标本制作

(1)方法一:取子实体待观察的部位做切片和制片,方法同菌褶制片。

(2)方法二:在载玻片上滴一滴蒸馏水,用接种针从斜面或平板培养基上挑取少许菌丝体,使菌丝在水中充分展开,盖上盖玻片,即可观察。

(3)用显微镜观察菌丝形态和锁状联合现象。

5. 显微观察

(1)取镜:右手握住镜臂,左手托住镜座,保持显微镜平正,将显微镜放置在底座距离桌面边缘一拳处。插上电源线,打开电源。

（2）调整通光孔大小和目镜距离：将低倍（4×）物镜转至光轴，调节聚光镜通光孔大小，双眼看目镜调整两目镜的距离，当视野中两个交叉的亮圈完全重叠时，即为适合自己的瞳距。

（3）放置标本：左手拇指打开玻片夹弹片，右手将玻片标本推到底，松开左手让玻片夹弹片自然地夹住玻片。调整载物台右下方玻片夹移动手轮，使待观察的标本位置对准通光孔正中。

（4）低倍观察：选择低倍镜（4×），从侧边观察载物台和物镜镜头的距离，转动粗调焦螺旋，使载物台距物镜镜头约 5 mm。从目镜观察，慢慢旋转粗调焦螺旋，使载物台和物镜之间的距离逐渐拉开，直到视野中看到倒像为止。转动细调螺旋，可得最清晰的镜像。请保证两个目镜看到的视野都是清晰的，如果有目镜里的镜像不清晰，请转动目镜筒做视力矫正调至成像清晰。将要观察的部位转至视野正中间，将10×物镜切换至正光轴，旋转粗调焦螺旋和细调焦螺旋得到最清晰的图像。

（5）高倍观察：10×物镜下清晰视野基础上，将需要仔细观察的部位移到视野正中，切换40×物镜，转动细调焦螺旋调清视野。将聚光镜可变光阑的通光孔调小，使反差清晰，图像清楚。若视野太暗，可以调整底座上的光强旋钮以增强视野亮度。注意：高倍观察只能使用细调焦螺旋，禁止使用粗调焦螺旋。

（6）油镜观察：40×物镜下清晰视野基础上，将聚光器升到最高位置，光圈开到最大。转动物镜转换器，使高倍镜头离开通光孔，在待观察区域的盖玻片上滴一滴香柏油。从侧面观察并缓慢转动物镜转换器，使油镜头浸没在油滴内又不压破玻片。在目镜中观察，并缓缓转动细调节器至物象清晰，注意避免压碎玻片和损坏镜头。注意：当眼睛在目镜上观察时，保证载物台向远离镜头的方向单向移动。

（7）更换标本：若需要观察另一玻片标本，必须转开高倍镜头，更换标本，再按照从低倍到高倍的观察顺序，重新进行操作。

（8）油镜清洗：观察完毕后，提高镜筒，并将油镜转向一侧，取下标本玻片。立即用擦镜纸顺一个方向旋转擦拭镜头上的香柏油。若油已干，应先用擦镜纸蘸少许二甲苯擦拭镜头，并用另一干净擦镜纸拭去镜头上残留的二甲苯。

▶ 思考题

（1）什么是担孢子和子囊孢子？它们有何区别？

（2）制作孢子印为什么要选取新鲜成熟的子实体？

（3）显微镜操作的注意事项有哪些？

（4）请说说你观察的孢子的形态特征。

线上资源

实验三 物种的分子鉴定

▶ 基础知识

1. 大型真菌分子鉴定

在科学研究和工农业生产中,真菌"种"的鉴定是保证科研目标正确和生产持续稳定的关键。大型真菌的分类研究方法包括:①形态分类,即观察、测量和描述大型真菌子实体和菌丝体的形态结构和显微特征,这是大型真菌分类的传统方法,也是主要方法;②数值分类,即借助统计方法和计算机技术,对大量性状的相似性程度进行统计分析;③化学分类,即依据化学组成成分指标进行分类,例如多糖、蛋白质、脂肪酸或细胞壁的组成分析,以及代谢成分分析、同工酶分析、基因组 G+C 含量分析等;④分子分类,即根据遗传信息,确定生物的系统发育地位,解析物种间的亲缘关系。随着 20 世纪 80 年代以来分子生物学研究的快速发展,以 DNA 分子特征为鉴定依据的分子鉴定技术产生。在大型真菌的现代分类学中,常常利用一段或几段短的 DNA 序列来对物种进行快速、准确的鉴定。

核糖体是细胞中合成蛋白质的场所。核糖体由蛋白质和 RNA 组成,核糖体 RNA (ribosomal RNA,rRNA)有 4 种,它们有不同的分子量,分别为 28S rRNA、5S rRNA、18S rRNA 和 5.8S rRNA。编码 rRNA 的 DNA 称为 rDNA(ribosomal DNA)。18S rDNA、5.8S rDNA 和 28S rDNA 顺序串联成一个基因簇,彼此间被内转录间隔区(internal transcribed spacer, ITS)序列分开(图 3-1)。

图 3-1 rDNA 及转录间隔区

rDNA及转录间隔区的序列均可用于分子鉴定,但序列保守性存在差异。18S rDNA、5.8S rDNA和28S rDNA所编码的rRNA在不同物种中保持一致的生物学功能,序列高度保守,又存在一定变异,因此,18S rDNA和28S rDNA常被用于种及种以上阶元的分析。ITS区包括ITS1、5.8S rDNA和ITS2区域,虽然5.8S rDNA非常保守,但非编码的ITS1和ITS2进化速度快,序列多态性高,在种间和种内均存在差异,可用于鉴定属内亲缘关系很近的种类。

2. PCR技术

聚合酶链式反应(polymerase chain reaction,PCR)是一种体外扩增某一特定DNA片段的分子生物学技术。该技术以微量DNA为模板,快速复制出大量DNA拷贝。PCR技术由Kary B. Mullis于1985年发明,极大地推动了生命科学尤其是分子生物学的发展,Kary B. Mullis因此获得了1993年诺贝尔化学奖。该技术目前广泛应用于生物学、医学和农学的基础研究,以及医学临床诊断、法医学调查、亲子鉴定、动植物检疫等方面。

PCR技术的原理类似DNA的半保留复制过程。反应体系需要包括以下组分。

(1)模板:待扩增目标DNA片段;

(2)两端引物:与待扩增目标DNA片段两侧互补的人工合成的寡核苷酸链,一般为20～30 bp,起到定位的作用;

(3)底物:4种dNTP(含不同碱基的脱氧核苷酸),是合成DNA的原材料;

(4)DNA聚合酶:用于催化DNA的合成,一般具有耐高温的特性;

(5)缓冲体系:包括Mg^{2+}在内的合适的缓冲体系,为DNA合成提供合适的环境条件。

PCR反应的过程由"变性—退火—延伸"三个基本步骤反复地循环构成(图3-2)。

(1)高温变性:高温(94 ℃)条件下,模板DNA或经PCR扩增形成的DNA双链间的氢键解离形成两条DNA单链;

(2)低温退火(复性):低温(50～60 ℃)条件下,两条人工合成的寡核苷酸引物分别与模板DNA单链互补序列配对结合,形成部分双链;

(3)中温延伸:中温(如Taq酶的适宜温度为72 ℃)条件下,以单链DNA为模板,以四种dNTP为反应原料,按照碱基配对与半保留复制原理,从引物3'端开始,DNA聚合酶沿模板催化合成互补DNA新链。

每一次循环中,目标DNA分子的拷贝数理论上会增加一倍,重复"变性—退火—延伸"的热循环过程(一般为30次循环左右),就能获得指数级增长的产物。

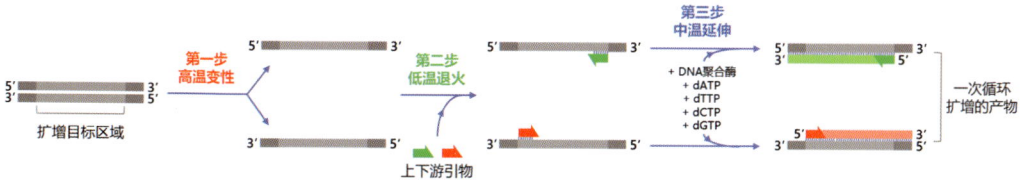

图 3-2　PCR 反应示意图

3. DNA 测序技术

DNA 测序技术是指测定 DNA 分子的碱基排列顺序。20 世纪 70 年代，Frederick Sanger 等首先提出了经典的双脱氧核苷酸末端终止测序法（也称 Sanger 测序法）。该技术使揭开遗传物质的奥秘成为可能，Frederick Sanger 为此获得了 1980 年诺贝尔化学奖。Sanger 测序法后来成为人类基因组计划等研究得以开展的关键，为人类解密了大量不同生物的 DNA 序列，目前被广泛应用。

Sanger 测序法的反应体系类似于 PCR 反应。不同的是，除了加入脱氧核苷酸（dNTP）以外，还需加入少量双脱氧核苷酸（ddNTP）。DNA 合成时，dNTP 末端的羟基要与下一个 dNTP 的磷酸基团形成磷酸酯键，而 ddNTP 缺乏延伸必需的羟基，会造成合成反应终止。合成过程中，双脱氧核苷酸随机被加入并终止于 A、T、G 或 C，从而产生长短不一的合成产物。将这些长短不同的片段通过高分辨率的毛细管凝胶电泳由长到短区分排列，从而解密核苷酸排列顺序。

本实验采用 CTAB（十六烷基三甲基溴化铵）法提取大型真菌的总 DNA，通过 PCR 扩增 ITS 序列并测序，将测得的 ITS 序列与公开数据库中的基因序列进行比对，通过相似性比较，对大型真菌的种类进行初步鉴定。

➤ 实验目的

学习并掌握真菌 DNA 提取和分子鉴定方法，了解 PCR 原理、测序及序列比对的简单方法。

➤ 实验材料

大型真菌子实体组织或菌丝体。

➤ 试剂与器材

1. 试剂

（1）DNA 提取试剂：CTAB、5 mol/L NaCl 溶液、1 mol/L Tris·HCl（三羟甲基氨基甲烷盐

酸)缓冲液(pH 8.0)、0.5 mol/L EDTA(乙二胺四乙酸)溶液(pH 8.0)、3 mol/L醋酸钠溶液(pH 5.2)、氯仿/异戊醇(24:1,*V/V*)、乙醇、异丙醇、TE缓冲液、无菌去离子水。

(2)PCR反应试剂:2×PCR mix(含有dNTP混合液、Taq聚合酶和镁离子等)、引物(ITS5:5′-GGAAGTAAAAGTCGTAACAAGG-3′和ITS4:5′-TCCTCCGCTTATTGATATGC-3′)。

(3)电泳检测试剂:琼脂糖、TBE电泳缓冲液、GelRed或DuRed核酸染料、6×上样缓冲液、核酸相对分子质量标准液(DNA Marker)。

2. 器材

高速离心机、恒温水浴、旋涡振荡器、研磨杵、1.5 mL离心管、PCR仪、0.2 mL PCR管、电泳仪、电泳槽、制胶模具、微波炉、凝胶成像仪、微量移液器及枪头。

▶ **实验操作**

1. DNA提取

(1)配制CTAB提取液:将2 g CTAB溶解于40 mL去离子水中,加入10 mL 1 mol/L的Tris·HCl缓冲液、4 mL 0.5 mol/L的EDTA缓冲液以及28 mL 5 mol/L的NaCl溶液,加热至完全溶解后,定容至100 mL,使溶液终浓度为Tris·HCl(pH 8.0)100 mmol/L、EDTA(pH 8.0)20 mmol/L、NaCl 1.4 mol/L,121 ℃高温高压灭菌30 min。

(2)研磨细胞:取适量子实体或菌丝体(100～200 mg)于1.5 mL的离心管中,加入适量灭菌石英砂,用研磨杵充分研磨。

(3)破裂细胞:加入0.6 mL 65 ℃预热的CTAB提取液,涡旋振荡2～3 min,充分混合后置入65 ℃的水浴锅中保温30 min到1 h,其间间隔混匀3～5次。

(4)纯化核酸:加入等体积氯仿/异戊醇(24:1,*v/v*),颠倒混匀10 min,充分混匀成乳浊液。4 ℃ 12000 r/min离心10 min,取上清至新的1.5 mL离心管中。重复此步骤一次。

(5)沉淀核酸:上清液中加入0.1倍体积的3 mol/L醋酸钠溶液(约50 μL)和0.6倍体积-20 ℃预冷的异丙醇(约300 μL),充分颠倒混匀后,于-20 ℃放置15 min。4 ℃ 12000 r/min离心10 min后,弃上清。

(6)清洗核酸:加入500 μL -20 ℃预冷70%乙醇,轻轻吹打清洗沉淀,4 ℃ 12000 r/min离心10 min,弃上清。重复洗涤1次。开盖在50 ℃烘箱风干或室温干燥。

(7)溶解核酸:加入50～100 μL无菌去离子水或TE溶液溶解核酸,样品可置于-20 ℃保存。

2. PCR扩增

(1)在一个0.2 mL PCR反应管内依次加入以下反应物,总体积25 μL。

2×PCR mix   12.5 μL

引物 ITS5（5 μmol/L）	1 μL
引物 ITS4（5 μmol/L）	1 μL
DNA 模板	1 μL
无菌去离子水	9.5 μL

（2）离心机 1000 r/min 离心 10 s，确保 PCR 体系混匀。

（3）将 PCR 管放置在 PCR 仪中，按以下程序进行扩增。

PCR 反应条件：

预变性　　95 ℃　　5 min

变性　　　95 ℃　　30 s ⎫

退火　　　55 ℃　　30 s ⎬ 30个循环

延伸　　　72 ℃　　60 s ⎭

后延伸　　72 ℃　　10 min

3. 电泳检测

（1）称取 1 g 的琼脂糖，加入 100 mL 0.5×TBE，置微波炉中加热至完全溶解。

（2）待凝胶温度冷却至大约 60 ℃时，加入 0.5 μL 10000×GelRed 或 DuRed 核酸染料，摇匀后立即倒入准备好的制胶模具中。

（3）待凝胶完全凝固后，小心地垂直将梳子拔出，将凝胶放入加有 0.5×TBE 电泳缓冲液的电泳槽中，并且使电泳缓冲液高于凝胶表面。

（4）取 8 μL PCR 产物，加入 2 μL 上样缓冲液，反复吸吹并充分混匀，用微量移液器将样品加入加样孔。另取 DNA marker 5 μL，与点样缓冲液混匀后加样，记录样品点样顺序与点样量。

（5）开启电泳仪开关，最高电压不超过 8 V/cm，电泳时长 10～15 min。

（6）电泳结束后将凝胶取出，放置于凝胶成像仪中进行观察。若 PCR 产物在 700～1000 bp 左右有条带，说明 ITS 扩增成功。

4. 测序

（1）将成功扩增的 PCR 产物样品封口后放置于冰盒中，与引物一同交由测序公司测序。

（2）测序返回的数据包括原始文件（.ab1）和序列文件（.seq）。使用 Chromas、BioEdit 或 SnapGene 等软件打开原始文件，查看峰图质量（图 3-3）。高质量的测序结果应信号强度大，峰形完整、主峰单一，基线噪声小，无杂峰、无套峰。

图 3-3　测序峰图

5. 分子鉴定

（1）打开 NCBI（National Center for Biotechnology Information，美国国家生物技术信息中心）网站的 BLAST 功能（https://blast.ncbi.nlm.nih.gov/Blast.cgi），选择 Web BLAST 下的 Nucleotide BLAST。

（2）将测序获得的高质量序列粘贴至 Enter Query Sequence 方框中。

（3）选择 rRNA/ITS 数据库（rRNA/ITS databases），选择高相似序列选项 Highly similar sequences（megablast），点击 BLAST（图 3-4）。

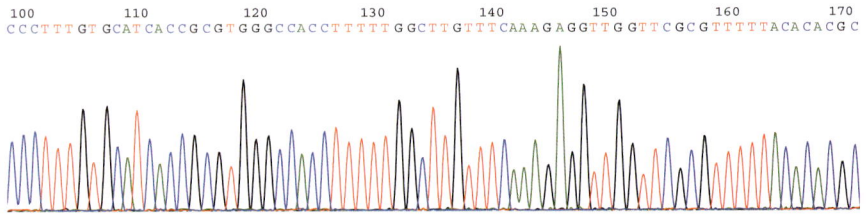

图 3-4　序列比对提交页面

（4）系统自动搜索核酸序列数据库中的序列并进行比对,根据同源性高低列出相近序列及其相关信息,可据此初步判定确定物种或亲缘关系（图3-5）。与数据库中ITS序列相似性≥99%,可鉴定为同一物种;与数据库中ITS序列相似性为95%～99%,可以鉴定为相同属的不同种。

Description	Scientific Name	Max Score	Total Score	Query Cover	E value	Per. Ident	Acc. Len	Accession
Russula paravioleipes HBAU 15001 ITS region; from TYP...	Russula ...	989	989	100%	0.0	100.00%	662	NR_176129.1
Russula subalpinogrisea CAL 1735 ITS region; from TYPE...	Russula ...	618	618	100%	4e-177	85.59%	682	NR_173812.1
Russula prasina HMAS 281232 ITS region; from TYPE ma...	Russula ...	560	560	100%	9e-160	82.72%	739	NR_171937.1
Russula obscuricolor CAL 1602 ITS region; from TYPE ma...	Russula ...	554	554	100%	4e-158	83.22%	696	NR_160488.1
Russula kanadii CAL 1162 ITS region; from TYPE material	Russula ...	554	554	100%	1e-157	82.35%	679	NR_153247.1
Russula lakhanpalii CAL 1795 ITS region; from TYPE mat...	Russula l...	546	546	100%	2e-155	82.38%	612	NR_173867.1
Russula shanglaensis HUP SUR433 ITS region; from TYP...	Russula ...	542	542	96%	3e-154	82.26%	631	NR_173824.1
Russula nigrovirens HKAS 55222 ITS region; from TYPE ...	Russula ...	533	533	100%	1e-151	81.80%	625	NR_154916.1
Russula pseudopectinatoides HMAS 251523 ITS region; fr...	Russula ...	523	523	100%	2e-148	81.77%	663	NR_153248.1
Russula cerolens MICH 9611 ITS region; from TYPE mate...	Russula ...	521	521	100%	8e-148	81.94%	704	NR_172746.1
Russula catillus SFC 20120827-01 ITS region; from TYPE ...	Russula ...	517	517	100%	1e-146	81.94%	646	NR_158921.1
Russula shawarensis LAH 35453 ITS region; from TYPE ...	Russula ...	517	517	100%	1e-146	80.78%	609	NR_173305.1
Russula garyensis F PGA17-008 ITS region; from TYPE m...	Russula ...	499	499	99%	3e-141	80.59%	666	NR_173172.1
Russula echidna HO 593336 ITS region; from TYPE material	Russula ...	499	499	96%	3e-141	81.85%	672	NR_173171.1
Russula indocatillus CAL 1797 ITS region; from TYPE mat...	Russula i...	498	498	100%	9e-141	81.28%	687	NR_173889.1
Russula westii TENN F 16404 ITS region; from TYPE mate...	Russula ...	492	492	99%	4e-139	79.96%	696	NR_153230.1
Russula nigrifacta GENT RDL16-044 ITS region; from TYP...	Russula ...	484	484	99%	6e-137	80.39%	672	NR_177549.1
Russula pseudocyanoxantha CUH AM177 ITS region; fro...	Russula ...	484	521	84%	6e-137	85.78%	564	NR_173166.1
Russula purpureovirescens MCVE 29560 ITS region; from ...	Russula ...	483	483	85%	2e-136	83.09%	619	NR_160646.1
Russula pallidirosea UTC 00274382 ITS region; from TYP...	Russula ...	481	481	100%	7e-136	79.79%	694	NR_153259.1
Russula ryukokuensis TNS F-70425 ITS region; from TYP...	Russula ...	478	478	100%	9e-135	79.55%	684	NR_172279.1
Russula chiui HMAS 250410 ITS region; from TYPE material	Russula ...	475	475	100%	3e-134	79.49%	635	NR_153219.1

图3-5　近紫柄红菇（*Russula paravioleipes*）的比对结果

➤ 思考题

（1）PCR的基本原理是什么？

（2）请简述大型真菌分子鉴定的基本依据和方法。

➤ **知识拓展**

身边的新物种——近紫柄红菇

近紫柄红菇 *Russula paravioleipes* G.J. Li & W.F. Lin

近紫柄红菇属于担子菌门（Basidiomycota）、蘑菇纲（Agaricomycetes）、红菇目（Russulales）、红菇科（Russulaceae）、红菇属（*Russula*）。夏秋季散生于阔叶林地上。其子实体小或中等；菌盖直径为 2.8～4.6 cm，初期半球形，后凸起，成熟时扁平，紫红色或粉红色或褐色为桃红色，湿润时稍黏，边缘无纹；菌肉白色，2～3 mm 厚；菌褶白色，稍密，等长或不等长，直生，交错，无分叉；菌柄圆柱形，白色带粉红色，有纵纹，光滑，老化时中空；孢子印白色，孢子无色，近球形，淀粉样皱褶，直径 5.5～7.2 μm（图 3-6）。

2019 年 6 月于浙江大学紫金港校区采集标本，2021 年发表新种。

图 3-6　近紫柄红菇

线上资源

实验四　培养基的配制

➤ **基础知识**

　　<u>培养基</u>是人工配制的含有各种营养物质、供微生物生长繁殖的基质,主要用于微生物的分离、培养、鉴定、发酵和菌种保藏等。微生物种类不同,对营养物质的需求各异,而且实验目的也常有所不同,因此,实验时常需要配置不同成分的培养基。不同种类的培养基中,都应含有碳源、氮源、无机盐、能源、生长因子和水等营养要素,还需具有合适的pH值和渗透压等条件。

　　<u>水</u>,是细胞生存并进行正常生命活动所必需的基本条件,也是营养物质的溶剂。一般情况下,配制培养基可取用自来水,自来水中的微量元素可被微生物吸收利用。<u>碳源</u>,用于合成细胞含碳分子,并为微生物生命活动提供能量。微生物可以利用的碳源种类繁多,常见可用于配制培养基的碳源有牛肉膏、蛋白胨、酵母膏/粉、葡萄糖、淀粉等。<u>氮源</u>,用于合成细胞蛋白质等含氮分子。不同种类微生物利用的氮源种类也不相同,常用的氮源有牛肉膏、蛋白胨、酵母膏/粉等有机氮源,或铵盐、尿素、硝酸盐等无机氮源。<u>无机盐</u>,是微生物需要的矿物质元素,分为大量元素和微量元素两大类。大量元素包括磷、钾、钙、镁、硫、钠六种,参与细胞结构物质组成、物质和能量代谢以及细胞通透性等,培养基中可添加含有这些元素的盐类。当配置天然培养基(即利用植物和动物等天然来源有机物配置的培养基)时,因天然的植物和动物性物质中含有这些主要元素,往往只加少量无机盐,如磷酸盐。微量元素主要包括铁、锰、铜、锌等,它们多作为辅酶的成分或酶的激活剂。微生物对微量元素的需求很少,营养物质和自来水中的微量元素即可满足需求,一般不需要额外添加微量元素。<u>生长因子</u>,是一类促进微生物生长但需求量小的化合物,如维生素、碱基等。

　　培养基根据其物理状态,可分为液体培养基、固体培养基和半固体培养基。<u>液体培</u>

养基中未加入凝固剂,主要用于微生物富集培养和发酵生产等。**固体培养基**中加入了一定比例的凝固剂,一般为 1.5%～2% 的琼脂,凝固后呈固体状态,主要用于微生物分离、鉴定、计数或菌种保藏等。**半固体培养基**中加入了少量凝固剂,一般为 0.5%～0.7% 的琼脂,培养基的物理状态介于固体和液体之间,主要用于微生物运动性观察。琼脂是一种多聚糖,是从江蓠、石花菜等大型海洋藻类中提取的。琼脂在水溶液中加热至 95 ℃ 以上溶解,在冷却至 40 ℃ 以下凝固为固体状凝胶。大部分微生物不能分解利用琼脂,因此将琼脂作为培养基的凝固剂。

马铃薯葡萄糖琼脂培养基(potato dextrose agar medium,PDA)培养基,其缩写依次对应马铃薯、葡萄糖和琼脂的英文首字母。PDA 培养基适用于酵母、霉菌、大型真菌等的分离和培养。在实际使用中,根据菌种不同,可选择性加入适量其他碳源、氮源、无机盐和生长因子等。

培养基配制完成后,必须立即灭菌,以防止其中的微生物滋生。**灭菌**,即为杀死一切微生物,包括营养体、芽孢和孢子,使其彻底失去生长和繁殖能力。微生物灭菌的方法有很多种,如高压蒸汽灭菌、干热空气灭菌、射线灭菌、化学试剂灭菌和过滤除菌等。高压蒸汽灭菌是目前微生物实验中最常用的用于培养基和耐高温实验器具(材质如金属、玻璃、搪瓷、耐高温塑料等)灭菌的方法,该方法用时短且效率高。其原理类似于家用高压锅,将待灭菌的培养基和耐高温器具放入密封的灭菌锅内,锅内加热使水沸腾而产生水蒸气,水蒸气将锅内冷空气从排气阀排出。关闭排气阀,继续加热产生水蒸气,锅内压力升高,水的沸点增高,从而使锅内温度高于 100 ℃。高温高湿使蛋白质快速凝固变性,导致微生物死亡,从而达到快速且高效灭菌的目的。高压蒸汽灭菌过程即为,装锅→加热排气→升压升温→高压高温灭菌→降压出锅。灭菌时,温度及其维持时间随灭菌物品的性质不同而有所改变。例如一般培养基和实验器具灭菌 121 ℃ 20～30 min,含糖培养基灭菌 115 ℃ 15～20 min。

➤ **实验目的**

学习并掌握配制真菌常规培养基的方法,了解高压蒸汽灭菌的原理和方法。

➤ **试剂与器材**

1. 试剂

马铃薯、葡萄糖、蛋白胨、磷酸二氢钾、硫酸镁、维生素 B_1、琼脂粉、NaOH、HCl、pH 试纸。

2. 器材

高压蒸汽灭菌锅、天平、电炉、烧杯、量筒、三角瓶、封口膜、试管、硅胶试管塞、移液器或移液管、牛皮纸、线绳等。

▶ **实验操作**

1. 培养基配制

PDA培养基配方：马铃薯200 g，葡萄糖20 g，琼脂15～20 g，加水定容至1000 mL，自然pH值。

改良的PDA培养基配方：马铃薯200 g，葡萄糖10 g，蛋白胨10 g，磷酸二氢钾1 g，硫酸镁0.5 g，维生素B_1 50 mg，加水定容至1000 mL，自然pH值。

（1）马铃薯浸出液制备：称取200 g马铃薯，洗净后切成1 cm见方的小块，加1000 mL水，煮沸约20 min至软而不烂，用4层纱布过滤，得到马铃薯浸出液，补充水至1000 mL。

（2）称量和溶解：根据实际实验需要，称量并在马铃薯浸出液中加入除琼脂粉外的其他成分，搅拌至溶解，即为液体培养基。

如需配置固体培养基，称量并加入琼脂，小火加热并不断搅拌至琼脂完全溶化均匀。

（3）分装：用量筒量取液体培养基，分装至三角瓶。分装量一般不超过三角瓶容积的1/2。用封口膜盖在瓶口（注意封口膜的正反），用细线绳绑紧三角瓶瓶口。

固体培养基应趁热分装，以防琼脂凝固。用移液器或移液管量取固体培养基，分装至试管，分装量一般不超过试管高度的1/5至1/4。用硅胶试管塞塞紧试管口。试管七或十根一捆，用线绳捆好，管口一端用牛皮纸包好并再次捆好，以防灭菌时冷凝水润湿硅胶塞。

（4）121 ℃高压蒸汽灭菌30 min。

2. 高压蒸汽灭菌

（1）准备：将锅的内层提篮取出，向外层锅内加水至水位线；放入提篮并装入待灭菌物品，注意，器皿不能完全密封，物品堆放不宜过密；密封好锅盖，并将排气阀打开；打开电源，设置灭菌温度和时间。

（2）加热排气：开始灭菌，锅内加热并开始排气，待锅内冷空气完全排尽后，关闭排气阀，灭菌锅完全密闭。

（3）升压升温和高压高温灭菌：锅内温度随压力增加而逐渐上升，观察温度表和压力表，当温度上升至121 ℃，压力达0.1 MPa时，保持15～30 min，即可达到灭菌的目的。

（4）降压出锅：当设定的时间结束后，停止加热。待压力自然降至"0"时，打开排气阀，打开锅盖，取出灭菌物品。注意，不能通过打开排气阀放气，否则会使锅内压力骤降而损伤物品或导致污染。

3. 制作斜面和无菌检查

灭菌后的试管固体培养基冷却至50～60 ℃。将试管一端倾斜放置于玻璃棒或其他高度合适的器具上,倾斜后试管中的培养基约占试管长度的1/2(图4-1)。随培养基温度降低,培养基在试管内凝固成斜面,待完全凝固后,收取备用。

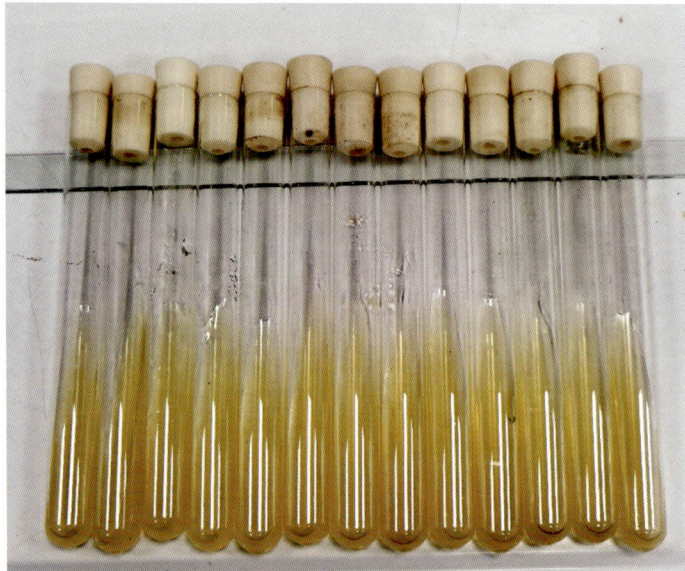

图4-1　斜面放置示意图

将制备好的斜面培养基置于37 ℃培养24～48 h,观察有无杂菌生长,从而检查灭菌是否彻底。斜面如不马上使用,可在4 ℃冰箱中保存备用。

▶ **思考题**

(1)PDA培养基的成分及其功能是什么?

(2)培养基配制完成后,为什么必须立即灭菌?如何灭菌?如何确定灭菌效果?

线上资源

实验五　母种的分离与转接

▶ 基础知识

1. 母种的分离与转接

大型真菌的人工栽培首先要经过菌种选育。选种指经过品种收集、性能测定、菌株比较、扩大试验等,逐步选择出符合育种目标的新品种。育种指通过杂交育种、诱变育种、基因工程等手段,培育具有优良性状的新品种。菌种的分离及转接技术是菌种选育中最常用且最重要的基本操作技术。

菌种的分离和纯化,是微生物研究和生产的基础,是指从环境、子实体等混杂的微生物类群中获得某一种微生物的纯培养。常用的菌种分离方法有组织分离法和孢子分离法。组织分离法采用子实体、菌核、菌索等幼嫩组织,经无性生殖获得菌丝,其具有亲本全部的遗传信息,该方法取材广泛、操作简便、易于成功且容易保持亲本的优良特性。经分离和纯化的纯菌丝体,经过出菇试验证明性状优良,即可作为母种使用。孢子分离法是收集成熟的有性孢子并将其培养和萌发成菌丝的方法。由孢子分离得到的菌种,性状优良、菌龄较短、生命力旺盛。大部分担子菌,如香菇、平菇、金针菇,需异宗配合方有结实能力,因此采用多孢分离法(即让多个孢子萌发的菌丝混合生长)。

生产中,经常需扩大繁殖母种以增加母种数量,用于菌种保藏或培养原种。此时,需转接母种至多个斜面培养基上,即为转接扩繁。

2. 无菌操作

无菌操作是微生物分离和转接技术的关键。无菌操作指在实验操作过程中,防止一切外源微生物侵入并保持无菌物品及无菌区域不被污染的操作技术。为了保证无菌操作和接种时不污染杂菌,应保证环境无菌、培养基无菌和器具无菌。

环境无菌包括:保持洁净室或接种室的清洁和无菌;进入洁净室前,应做好个人卫生工作,如穿戴洁净的工作服、帽子、口罩、鞋套等;应在超净工作台上操作,并在使用前打开紫外光灯灭菌半小时;操作前,用70%~75%酒精擦拭双手;所有操作在火焰周围直径10 cm内的无菌区。

紫外线灭菌法,是以紫外灯作为紫外线光源,发出波长为253.7 nm和185 nm的紫外线。波长为253.7 nm的紫外线使DNA链上相邻的两个嘧啶通过共价键结合形成嘧啶二聚体,从而干扰DNA正常配对和复制,导致微生物死亡;波长为185 nm的紫外线使空气中的氧分子生成臭氧,与紫外线一起发挥协同杀菌的作用。

培养基和耐高温器具可以通过高压蒸汽灭菌法进行灭菌,反复使用的玻璃和金属器具也可在超净工作台内进行灼烧灭菌。灼烧灭菌即直接利用酒精灯火焰外焰的高温使细胞因蛋白质变性而死。灼烧灭菌简单、迅速且有效,常用于接种工具、试管口、瓶口、载玻片等灭菌。

▶ 实验目的

学习并掌握大型真菌分离及转接技术,了解无菌操作的重要性。

▶ 实验材料

新鲜的担子菌子实体,如香菇(*Lentinula edodes*)、侧耳(*Pleurotus* sp.)。

▶ 试剂与器材

1. 试剂
斜面培养基。

2. 器材
超净工作台、培养箱、酒精灯、75%酒精棉、手术刀、接种铲、接种环、接种钩、镊子、培养皿等。

▶ 实验操作

1. 组织分离法(以担子菌为例)

(1)选择子实体:选择幼嫩、无病虫害、生长形态良好的子实体。

(2)消毒子实体:在已经紫外线灭菌的超净工作台上,点燃酒精灯,用75%酒精棉消毒双手。用75%酒精棉轻轻擦拭子实体表面。注意,酒精棉不可太湿,不可使酒精浸入子实体内,以防酒精将菌丝杀死。

(3)准备组织块:灼烧手术刀并冷却后,用手术刀在子实体中部纵切一刀,随即用手把子实体一掰为两半。用手术刀在菌盖与菌柄交接处横纵浅切几个米粒大小的组织块。

（4）接种：灼烧灭菌接种铲（或镊子）。左手水平持试管，右手持接种铲，用右手小指基部和手掌夹持试管塞，将其取出，并立即灼烧管口。先将灼烧灭菌过的接种铲伸入试管内，接触试管壁或培养基边缘，使其充分冷却，以免高温杀死菌种。用接种铲挑取一块组织，迅速放入试管斜面中央。接种完毕后，灼烧试管口，并在火焰附近将试管塞塞紧。

（5）培养：在试管上贴上标签，将试管置于合适温度（一般为25～28 ℃）的培养箱培养一周左右，可见组织块周围长出白色菌丝，表明分离成功。挑选无杂菌、长势好的菌丝体转接至新的斜面培养基上培养（操作方法详见"菌种转接"）。经过一段时间的培养和观察，若经鉴定无杂菌，则为成功分离纯化的纯培养菌种，即**母种**。香菇和侧耳的母种应菌丝洁白、浓密、粗壮、生长整齐、不产生色素。

2. 孢子分离法

（1）制备孢子悬浮液：选择并消毒子实体，通过孢子印法在无菌环境下收集孢子于无菌培养皿中。无菌环境下，用接种环刮取少许孢子粉，接入装有10 mL无菌水的试管中，充分并均匀悬浮孢子，即为孢子悬浮液。

（2）划线分离：在已经紫外线灭菌的超净工作台上，点燃酒精灯，用75%酒精棉消毒双手。左手水平持试管，右手持接种环，用右手小指基部和手掌夹持试管塞，将其取出，并立即灼烧管口。先将灼烧灭菌过的接种环伸入试管内，接触试管壁或培养基边缘，使其充分冷却，以免高温杀死孢子。用接种环蘸取少许孢子悬浮液，从斜面底部往试管口方向画"之"字形线。划3～4次后，取出接种环并灼烧灭菌。冷却后，从第一次划线的末端开始（须与第一次划线末端接触），继续划3～4次，取出接种环并灼烧。重复上一步直至斜面上端。接种完毕后，灼烧试管口，并在火焰附近将试管塞塞紧。

（3）培养：在试管上贴上标签，将试管置于合适温度（一般为25～28 ℃）的培养箱培养一周左右，可见斜面上长出密度不等的白色菌落。菌落由试管底部向试管口方向逐渐稀疏，表明分离成功。挑选菌落稀疏区域的单个菌落，转接至新鲜斜面培养基上（操作方法详见"菌种转接"），经过一段时间的培养和观察，若经鉴定无杂菌，则为成功分离纯化的由单个孢子发育成的纯培养菌种，即**母种**（图5-1）。香菇和侧耳的母种应菌丝洁白、浓密、粗壮、生长整齐、不产生色素。

图5-1 母种

3. 斜面菌种转接

（1）接种：在已经紫外线灭菌的超净工作台上，点燃酒精灯，用75%酒精棉消毒双手。取一支新鲜斜面菌株，左手手心向上水平持菌种管和待接种试管，将菌种管置于食指和中指之间，将空白斜面置于中指和无名指之间。右手持接种铲或接种钩的同时，用右手小指基部和手掌以及小指和无名指分别夹持空白斜面和菌种管试管塞，将其取出，并立即灼烧管口。先将灼烧灭菌过的接种铲或接种钩伸入空白试管内，接触试管壁，使其充分冷却，以免高温杀死菌种。再用接种铲或接种钩在菌种管内挑取一小块（约2 mm×2 mm）带琼脂的菌苔，慢慢抽出，并迅速伸入空白斜面试管内，将菌块放在斜面中央。接种完毕后，灼烧试管口，并在火焰附近将试管塞塞紧。

（2）培养：在试管上贴上标签，将试管置于合适温度（一般为25～28 ℃）的培养箱培养一周左右，可见菌块周围长出白色菌丝。经过一段时间的培养和观察，若经鉴定无杂菌，则为转接成功。转接的香菇和侧耳母种应菌丝洁白、浓密、粗壮、生长整齐、不产生色素。

▶ 思考题

（1）菌种的分离与转接过程中，如何保证无菌环境和无菌操作？

（2）请简要描述担子菌的生活史和菌种分离原理。

线上资源

实验六　原种和栽培种的制作与培养

➤ **基础知识**

　　母种，又称一级菌种，是经组织分离培养或孢子分离培养获得的纯菌丝，生产上使用的母种常经过菌种选育。母种通常保存于试管的斜面培养基上，用于扩大繁殖或菌种保藏。原种，又称二级菌种，是将母种转接至木屑、粪草、谷粒或棉籽壳等原料组成的固体培养基上扩大繁殖的菌种。原种也可用于生产出菇，但成本较高，因此，通常还需进一步扩大繁殖。制种流程如图6-1所示。栽培种，又称三级菌种，是将原种转接至与原种相同或相似的培养基上扩大繁殖，主要用于生产出菇（图6-2）。

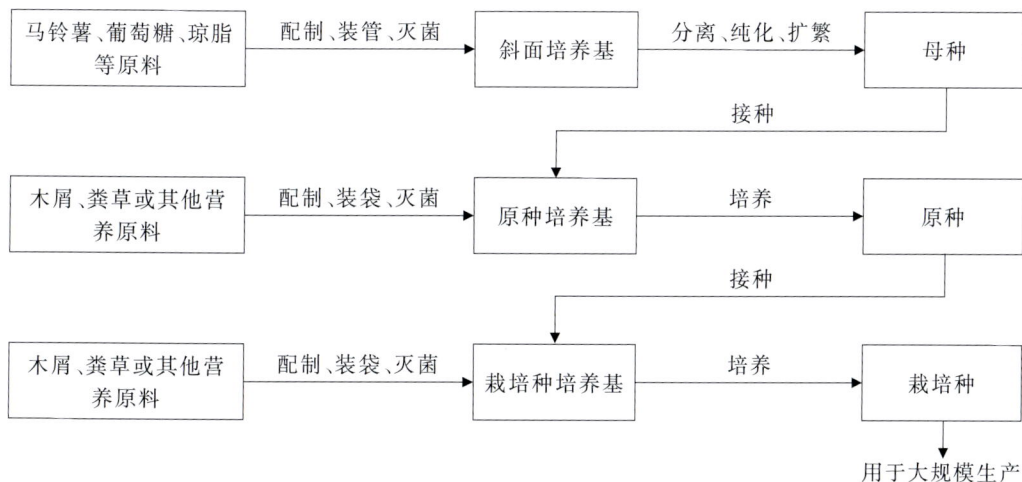

```
┌─────────────┐  配制、装管、灭菌   ┌──────────┐  分离、纯化、扩繁   ┌────────┐
│马铃薯、葡萄糖、琼脂│ ──────────────→ │ 斜面培养基 │ ──────────────→ │  母种  │
│等原料        │                    └──────────┘                    └────────┘
└─────────────┘                                                         │
                                                        接种              │
                                                                         ↓
┌─────────────┐  配制、装袋、灭菌   ┌──────────┐    培养         ┌────────┐
│木屑、粪草或其他营│ ──────────────→ │原种培养基 │ ──────────────→ │  原种  │
│养原料        │                    └──────────┘                    └────────┘
└─────────────┘                                                         │
                                                        接种              │
                                                                         ↓
┌─────────────┐  配制、装袋、灭菌   ┌──────────┐    培养         ┌────────┐
│木屑、粪草或其他营│ ──────────────→ │栽培种培养基│ ─────────────→ │  栽培种 │
│养原料        │                    └──────────┘                    └────────┘
└─────────────┘                                                         │
                                                                         ↓
                                                                用于大规模生产
```

图6-1　制种流程

图6-2　原种或栽培种(发菌中和发满菌)

　　侧耳属(*Pleurotus*(Fr.) P. Kumm)属于担子菌门(Basidiomycota)、蘑菇纲(Agaricomycetes)、蘑菇目(Agaricales)、侧耳科(Pleurotaceae)。侧耳子实体成熟后形似人耳,菌盖扇形、贝壳形、肾形、半圆形或平展,白色、淡棕色至蓝灰色;菌褶延生,白色至灰色;菌柄侧生,白色,或菌柄缺失;孢子印白色、奶油色、淡黄色或淡紫色;孢子圆柱形,光滑;多腐生。该属真菌分布广泛,能够利用木质纤维素、稻草、麦秆、木屑等原料生长,具有重要的经济价值。我国于20世纪30年代实现了利用木屑栽培侧耳,目前侧耳是我国产量第一的栽培食用菌。市场上常见的有平菇(糙皮侧耳 *Pleurotus ostreatus*(Jacq.) P. Kumm)、杏鲍菇(刺芹侧耳 *P. eryngii*(DC.: Fr.) Quél.)、榆黄蘑(金顶侧耳, *P. citrinopileatus* Singer)等。姬菇,是糙皮侧耳的品种之一,本实验以姬菇栽培为例,学习大型真菌的栽培技术。

　　栽培过程中,应根据侧耳的生长发育过程,创造和利用有利条件,控制和避免不利因素,在其生长发育各阶段控制好营养、温度、湿度、空气、光照、酸碱度等条件,进行栽培管理。

　　栽培袋接种后,先发菌再出菇。接种后菌丝开始生长,逐渐向深层蔓延,直至长满全部栽培袋,而后继续生长,菌丝密度增加,累积营养,准备出菇(图6-3)。发菌阶段应控制好温度、湿度、通风和遮光。侧耳的子实体分化发育可分为原基期、桑葚期、珊瑚期、伸长期、成形期和成熟期六个阶段。在适宜的条件下,菌丝体扭结成团,开始分化呈瘤状凸起的子实体原基,即为原基期;原基进一步分化发育,成为形似桑葚的菌蕾,即为桑葚期;继续生长形成珊瑚状菌蕾群,菌蕾逐渐伸长形成原始菌柄,即为珊瑚期,其中少数菌蕾后续发育成子实体,大部分菌蕾萎缩;菌盖和菌柄有明显区别,为伸长期;菌柄逐渐长粗,菌盖逐渐长大,为成型期;菌褶出现,菌盖展开,产生孢子,至菌盖逐渐萎缩,为成熟期。出菇阶段应控制好温度、湿度、通风和光照,防治病虫害。

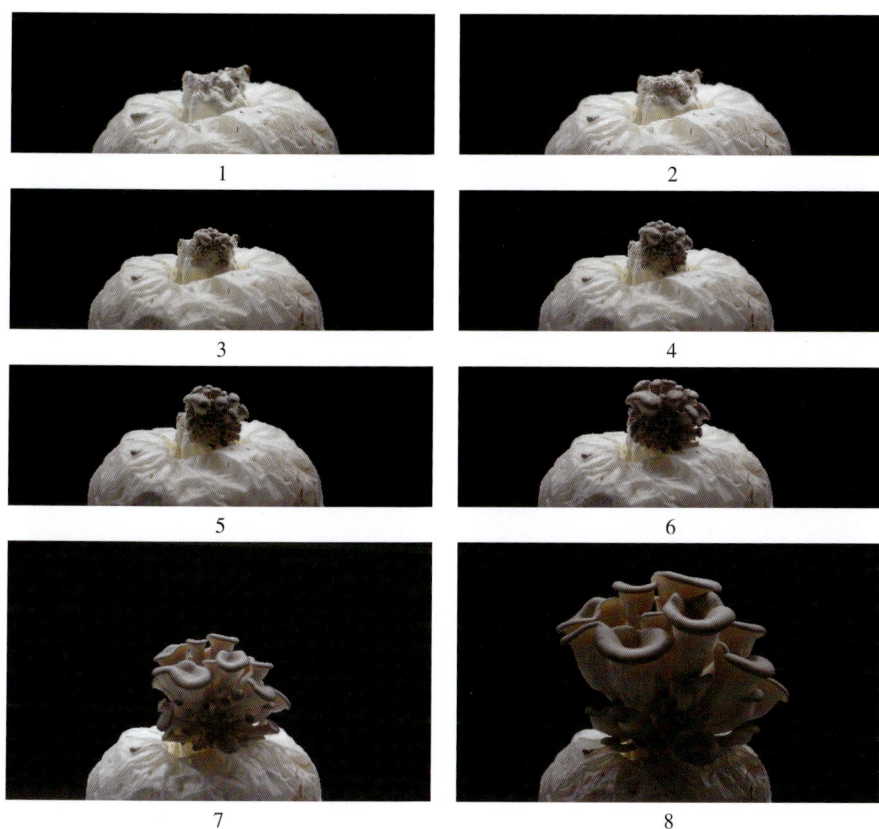

图6-3 出菇过程

➤ **实验目的**

学习并掌握菌菇栽培的基本知识和方法。

➤ **实验材料**

姬菇——糙皮侧耳(*Pleurotus ostreatus*(Jacq.)P. Kumm)。

➤ 原料与器材

1. 原料

（1）配方一：棉籽壳93%、麸皮或玉米粉5%、石灰2%。

（2）配方二：木屑78%、麸皮或米糠20%、石灰2%。

（3）配方三：稻草粉83%、玉米粉5%、米糠10%、石灰2%。

2. 设备和器材

18 cm×45 cm×0.04 cm聚乙烯筒袋、塑料套环、超净工作台、接种铲、镊子等。

➤ 实验操作

1. 拌料

将原料按照配方的比例称取，多次翻堆，搅拌均匀。加水充分翻堆搅拌均匀，料水比约为1:（1.2～1.5）。具体水分添加量视原料性状不同而进行调节，水量以用手抓起拌好的原料，紧握时水从指缝渗出而不滴下为佳。

2. 装袋

将培养料装入聚乙烯筒袋，边装边用手沿袋四周按压，使培养料之间不出现空隙，培养料装至袋长3/4处。装袋松紧要适宜，以五指握住料袋稍用力才出现凹陷为宜。装袋太松，培养料之间出现空隙，易造成四周出菇；装袋太紧，容易因过于用力压伤筒袋造成污染，或造成袋内通风不良。

装好培养料后，使袋口穿过塑料套环，将袋口翻下拉紧，盖上瓶盖（图6-4）。

图6-4　装好的菌袋

3. 灭菌

将菌袋进行高压蒸汽灭菌,121 ℃灭菌3 h。

4. 接种

(1)原种接种(母种接原种):无菌条件下,用一个接种架,将母种试管固定在酒精灯火焰上方,打开硅胶塞后,用火焰灼烧试管口。用火焰灼烧灭菌后的接种铲弃去母种前端1 cm²左右老化的菌种块。左手打开菌袋瓶盖,右手迅速铲取1 cm²左右新鲜菌种块放入原种菌袋内,瓶盖过火轻燎后封上袋口。每支试管可接种7～10个菌袋。

(2)栽培种接种(原种接栽培种):无菌条件下,用一个接种架,将原种置于酒精灯火焰附近,打开瓶盖后,用经火焰灼烧灭菌的镊子挖去瓶口老化的菌种块。取栽培种菌袋并打开盖子,用镊子挖取一块原种放入栽培种菌袋内,瓶盖过火轻燎后封上袋口。

5. 发菌

接种后的菌袋放入培养室进行发菌。菌袋最好单排叠放或呈"井"字形堆叠,以利于保持温度和通风。培养室温度以20～28 ℃为宜,空气相对湿度70%～80%,保持黑暗和通风。其间注意适时通风并取出有杂菌污染的菌袋。培养约30天,菌丝长满整个菌袋。

6. 出菇

将发好菌的菌袋移入出菇房进行出菇。菌袋单排叠放,打开瓶盖。出菇房温度以13～18°C为宜,空气相对湿度85%～95%,保持通风,给予光照强度为150～200 lx的散射光。

7. 采收

栽培袋开袋后20～30天,菇体发育成熟,在菌盖边缘尚未完全展开且孢子尚未弹射时采收。采收时,一手按住菌柄基部的培养料,一手捏住菌柄轻轻拧下,并用镊子或小刀去除残留在培养料表面的菇柄。采收后按照出菇期管理,可采收3～5潮菇。

► **思考题**

1.请简述母种、原种和栽培种的区别和联系。
2.请简述姬菇栽培的流程和基本注意事项。

► **知识扩展**

"林菇共育系统"入选全球重要农业文化遗产保护名录

2022年11月,联合国粮农组织正式认定浙江庆元"林菇共育系统"入选全球重要农业文化遗产保护名录,成为目前世界上唯一以食用菌为主的农业文化遗产。

浙江省庆元县是世界人工栽培香菇的发祥地,有着悠久的香菇人工栽培历史,被称为"香菇之源"(图6-5)。据传,南宋时期,庆元县村民吴三公通过日积月累的观察和实践,发明了"砍花法"和"惊蕈术",即将倒木树干砍伤后,其伤口处会长出香菇,可通过用力敲树干来刺激香菇子实体萌发。"砍花法"是有历史记载的世界上最早进行香菇人工栽培的方法。

八百多年来,香菇成为庆元当地居民世代赖以生存的产业。他们合理利用森林资源发展香菇产业,创造和发展了以"林菇共育技术"为核心的森林保育、菌菇栽培、农业生产有机融合的山地农林复合生态系统,形成了森林、梯田、村落与河流相互协同且结构合理的土地利用类型和生态景观。

"林菇共育系统"不仅为当地居民提供了生活保障,还深刻影响着当地的文化,形成了丰富又独特的香菇文化。古代的菇农们对吴三公心存感恩,为纪念其功绩和铭记其恩德,将吴三公供奉为"菇神",并修建"菇神庙"供奉菇神;为了强身健体和安全防范,菇民创造了"香菇功夫",相传由吴三公编制并由一代代菇民改进;"菇民戏"展现了庆元菇民的生活习俗、民间典故和香菇生产,为深山寂静的生活增添色彩;庆元的日常民俗活动和祭祀活动中常有"香菇山歌",菇民用山歌缓解劳动的疲劳,也记录栽培香菇的方法。这些特色香菇文化成为人与自然和谐共生的宝贵非物质文化遗产。

图6-5 庆元香菇

线上资源

实验七　蛹虫草的栽培

基础知识

　　虫草真菌主要隶属于子囊菌门(Ascomycota)、盘菌亚门(Pezizomycotina)、粪壳菌纲(Sordariomycetes)、肉座菌亚纲(Hypocreomycetidae)、肉座菌目(Hypocreales)下的虫草科(Cordycipitaceae)、虫草属(*Cordyceps*)和线虫草科(Ophiocordycipitaceae)、线虫草属(*Ophiocordyceps*)。虫草真菌能以昆虫的活体或尸体为寄主来完成其生活史,并形成真菌与寄主复合体。全世界报道的虫草超过五百种,我国常见的虫草真菌有冬虫夏草(*Ophiocordyceps sinensis*)、蛹虫草(*Cordyceps militaris*)、蝉花(*Isaria cicadae*)、亚香棒虫草(*C. hawkesii*)、阔孢线虫草(*O. crassispora*)、珊瑚虫草(*C. martialis*)、九州虫草(*C. kyushuensis*)等(图7-1)。

1. 冬虫夏草;2. 蛹虫草;3. 蝉花;4. 蜻蜓线虫草(*Ophiocordyceps odonatae*)

图7-1　常见野生虫草

蛹虫草（*C. militaris* (L.) Link）又称北冬虫夏草、北虫草或蛹草，是虫草属的模式物种，主产于我国北方，吉林省长白山地区是野生蛹虫草的重点产区，辽宁、内蒙古、陕西、四川、云南也有分布。蛹虫草以鳞翅目昆虫的幼虫或蛹为寄主；子实体从幼虫或蛹体的头部或节部长出，子座单生或多生；子座头部棒形、叶状或上细下粗形，橘黄色或橘红色；子座上着生近圆锥形子囊壳，子囊壳顶部露出表面呈乳头状的突起；子囊细圆柱形，每个子囊内有8个线形子囊孢子（有性孢子）；每个子囊孢子具有多个隔膜，从子囊中释放出来后可随机断裂成若干段；线状子囊孢子在营养不良条件下萌发，产生梨形分生孢子，即微循环分生孢子（无性孢子）（图7-2）。

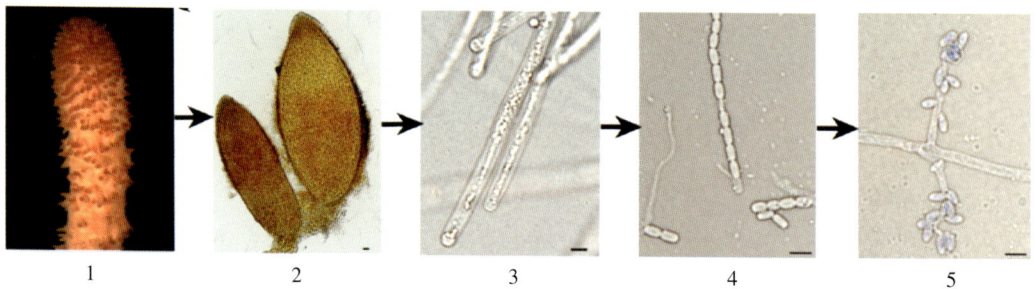

1. 子座；2. 子囊壳；3. 子囊；4. 子囊孢子；5. 微循环分生孢子。比例尺为 5 μm。

图7-2　蛹虫草的子囊壳和孢子（引自 Zheng *et al.*，2011）

蛹虫草的分生孢子或子囊孢子附着于寄主昆虫体表，条件适宜时孢子萌发长出芽管，侵入昆虫体内，发育为菌丝体。菌丝体在体内继续生长，可先通过分生孢子梗产生分生孢子。分生孢子又可萌发为菌丝或传到其他虫体上重复感染。分生孢子为单倍体无性孢子。菌丝体生长占领昆虫体腔，形成僵虫状菌核。第二年，环境条件适宜时，菌丝体继续发育，在虫体外萌发成子座（子实体），子座生长露出地面。子座上着生子囊壳，细胞经融合、质配、核配和减数分裂，形成子囊和子囊孢子。子囊孢子为单倍体有性孢子。

蛹虫草具有显著的药效和悠久的药用历史，20世纪50年代初曾以"北冬虫夏草"之名代替冬虫夏草入药。蛹虫草性平，味甘，能益肾肺，主治肾虚、肺结核、病后虚弱、久咳虚弱、劳咳痰血、自汗盗汗等症。蛹虫草富含虫草素、虫草酸、蛋白质、虫草多糖、腺苷、麦角固醇、SOD、甘露醇等生物活性物质以及硒、铁、锌、钼等微量元素，具有镇静、抗疲劳、抗肿瘤、抗炎、抗衰老、化痰平喘、神经调节和免疫调节等功效。

虫草真菌的人工培养可分为基于现代工业的液体深层发酵法和基于传统农业的虫草栽培法。

液体深层发酵法是将菌体所需的多种营养物（如糖类、含氮化合物、盐类等）配制成液体培养基,将菌种接种并培养于锥形瓶或发酵罐,通过不断振荡或通气培养,使菌丝体在液体内深层繁育。该方法利用液体培养基发酵生产菌丝体而不培养子实体,其营养成分与子实体相近,且在代谢物提取、生产规模、生产周期、经济效益等方面均优于栽培法,可用于生产药品、保健品、食品、调味品等。特别是一些不能或难以人工栽培的大型真菌,如冬虫夏草、鸡枞、美味牛肝菌等,均可通过深层发酵菌丝体而制成药品和食品。

虫草栽培法利用虫体或固体培养基,人工培养出子实体。该法使用虫体的方法难度大,需同时解决虫草菌种、繁殖寄主昆虫技术、接种侵染途径和模拟产地生态环境等一系列问题。我国在20世纪80年代就实现了蛹虫草的人工栽培,用活体蛹或用大米、小麦等作培养基,模拟野生蛹虫草生长时所需要的营养和生长条件。人工栽培蛹虫草的药用价值与野生虫草相近。目前,市场上常见的虫草花即为用人工配置的固体培养基工业化大规模生产的虫草子实体。

▶ 实验目的

了解虫生真菌的基本知识,学习并掌握蛹虫草的栽培方法。

▶ 实验材料

蛹虫草(*Cordyceps militaris*(L.)Link)、柞蚕蛹(*Antheraea pernyi* Geurin-Meneville)

▶ 试剂与器材

1. 培养基

(1)蛹虫草液体菌种培养基:马铃薯200 g加水煮汁过滤,磷酸二氢钾2 g,硫酸镁1 g,柠檬酸铵1 g,葡萄糖30 g,蛋白胨0.5 g,维生素B_1 50 mg,加水定容至1000 mL。121 ℃高压蒸汽灭菌30 min。

(2)蛹虫草大米培养基:大米30 g,蛹虫草液体菌种培养基30 mL,玻璃广口瓶用聚丙烯塑料膜包扎。121 ℃高压蒸汽灭菌30 min。

(3)蛹虫草小麦培养基:小麦1 g,黄豆粉0.5 g,蛹虫草液体菌种培养基1 mL,小玻璃瓶口用软木塞轻轻塞好。121 ℃高压蒸汽灭菌30 min,灭菌后立即将软木塞塞紧。

2. 器材

高压蒸汽灭菌锅、接种铲、250 mL玻璃广口瓶、10 mL小玻璃瓶、移液器、针筒、搅拌器等。

▶ 实验操作

1. 液体菌种制备

液体菌种是指采用液体培养基培养食用菌的菌丝体。

用接种铲挖取豆粒大小斜面母种 10 块左右,接种至 200 mL 蛹虫草液体菌种培养基中,21°C 120 r/min 摇床振荡培养一周左右,待液体培养基中形成均匀菌球后,稀释 2～5 倍,即可作为蛹虫草栽培用液体菌种(图 7-3)。

图 7-3　蛹虫草的液体菌种

2. 接种至柞蚕蛹

(1)活蛹剥茧,置于超净台紫外灭菌 30 min。

(2)无菌条件下,使用搅拌器将菌球打散,即为菌悬液。

(3)用较干燥的酒精棉球擦拭活蛹表面,在活蛹翅下或腹部节间膜处,向头部方向进针,注射菌悬液 0.5～1 mL。

(4)将接种好的蛹转入塑料培养瓶。

注意:注射时,以约 30°角插入针头,每次由同一孔以相同角度插入,且插入不可太深,表皮以下即可。

3. 接种至广口瓶大米培养基

无菌条件下,打开装有蛹虫草固体培养基的培养瓶,用移液器将 5 mL 液体菌种均匀接入培养基表面,接种后立即盖好塑料膜。接种时可两人配合,一人揭开塑料膜,另一人接种。

4. 接种至小玻璃瓶小麦培养基

无菌条件下,打开装有蛹虫草固体培养基的培养瓶,用注射器将 0.5 mL 液体菌种接入培养基表面,接种后立即塞好软木塞。

5. 菌丝培养

将培养瓶放入培养箱,18～20 ℃避光培养,保持空气相对湿度60%左右。蛹体培养15天左右,直至菌丝布满整个蛹体,硬化为僵蛹,蛹体节间有白色菌丝长出;固体培养基培养5～10天,直至菌丝体长满整瓶培养基。

6. 给光转色

白天光照20 ℃培养,晚上避光15 ℃培养,通过昼夜光照和温差刺激促进菌丝快速生长。继续培养8～10天,菌丝体由白色逐渐转为橘黄色。

7. 子座分化

全天光照,刺激原基形成。原基明显形成后,适当对培养瓶通气,温度保持18～20 ℃,空气相对湿度80%～85%。

8. 蛹虫草采收

子座生长至呈桔黄色或橘红色棒状时(约5～8 cm),打开培养瓶,用镊子或小刀将其从基部采下,放入洁净的器具内及时烘干或晾干(图7-4、图7-5、图7-6)。

图 7-4　蛹虫草(柞蚕蛹)

图7-5　蛹虫草(大米培养基)

图7-6　蛹虫草(小麦培养基)

➤ 思考题

(1)简述蛹虫草生活史。

(2)说说你在生活中接触到的虫草及其相关制品。

➤ 知识扩展

蛹虫草基因组研究

基因组指生物的全部染色体和基因,是某个特定物种细胞内全部DNA分子的总和。20世纪90年代以来,随着人类基因组计划的实施和完成,DNA测序技术迅速发展,大量物种的基因组数据被测定并公布。研究蛹虫草的基因组,可以扩展我们对其繁殖、发育、遗传、演化、生态影响以及次级代谢产物合成等机制的理解。

目前,GenBank数据库中共有3个蛹虫草菌株(Cm01、ATCC34164和HN)的基因组数据。2011年,中国科学院植物生理生态研究所王成树团队率先公布了第一个蛹虫草(*C. militaris* Cm01)基因组数据。该菌株是蛹虫草商业栽培使用的菌株之一,其基因组大小为32.2 MB,含有9684个蛋白质编码基因。基因组的系统发育分析表明,蛹虫草与包括绿僵菌在内的其他真菌各自独立进化为昆虫病原体(趋同进化)。蛹虫草基因组不含有已知的人类霉菌毒素基因,这与其长期作为安全使用药物的记录一致。

2017年,王成树团队基于对蛹虫草基因组的分析,完整解析了虫草素(cordycepin)的

生物合成机理,并首次发现蛹虫草能够合成抗癌药物喷司他汀(pentostatin)。虫草素,即
3′-脱氧腺苷,是一种核苷类似物,由一个腺嘌呤和一个核糖分子组成。虫草素最早于
1950年分离于蛹虫草,具有抑制RNA合成并具有抗菌、抗虫、抗炎及抗癌等多种生物活
性,目前正在用于开展抗癌临床试验(图7-7)。喷司他丁于1974年在链霉菌中被鉴定,
是腺苷脱氨酶的强抑制剂,1991年获FDA批准,成为抗毛细胞白血病的药物。

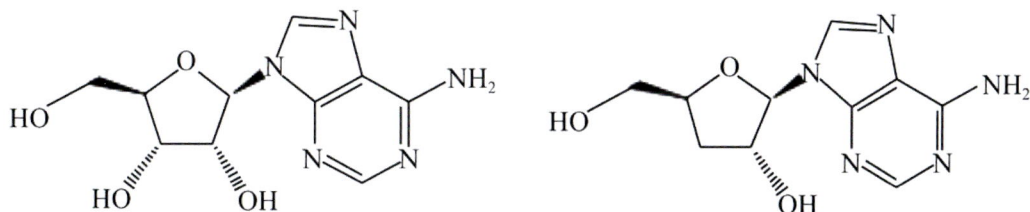

图7-7 腺苷和虫草素的化学结构

　　蛹虫草通过一个基因簇合成虫草素和喷司他丁(图7-8),该基因簇包含*cns1*、*cns2*、
*cns3*和*cns4*四个基因。*cns1*编码氧化还原酶,*cns2*编码金属离子依赖的磷酸水解酶,它们
参与虫草素合成;*cns3*编码ATP依赖的磷酸转移酶,参与喷司他丁合成;*cns4*编码ABC型
的转运蛋白,可能参与喷司他丁转运。此外,虫草素在胞内可被腺苷脱氨酶催化脱毒去
除氨基,生成无细胞毒性的3′-脱氧肌苷,喷司他丁可通过抑制腺苷脱氨酶的活性调控虫
草素合成。因此,喷司他丁可能是平衡细胞毒性和虫草素积累水平的关键。

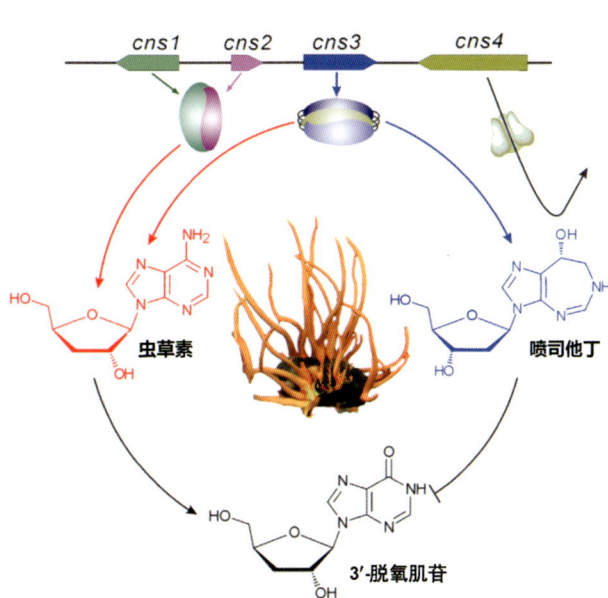

线上资源

图7-8 虫草素合成机理(引自Xia *et al.*, Cell Chemical Biology, 2017)

实验八　真菌多糖的提取

➤ **基础知识**

真菌多糖是真菌子实体或菌丝体产生的一类代谢产物,是由十个以上的单糖单元通过糖苷键连接而成的高分子多聚物,构成真菌多糖的单糖单元包括 D-葡萄糖、D-半乳糖、D-葡萄糖醛酸、D-半乳糖醛酸、L-阿拉伯糖、L-鼠李糖等。真菌多糖广泛存在于大型真菌中,目前已被提取并开展相关功能研究的真菌多糖包括香菇多糖、灵芝多糖、冬虫夏草菌丝多糖、茯苓多糖、银耳多糖、猴头菇多糖、灰树花多糖、阿魏侧耳多糖等。

真菌多糖因具有调节免疫力、抗肿瘤、抗氧化、抗病毒、抗感染、降血糖等多种生物活性,而被广泛应用于医药、保健与食品等领域。以香菇多糖为例,目前香菇多糖已被广泛应用于临床治疗。其注射剂或片剂可用于辅助抗肿瘤、抗病毒或抗感染等治疗,可发挥提高临床疗效和缓解治疗相关不良反应等作用。

真菌多糖的提取方法有热水浸提法、酸提取法、碱提取法、酶解法、微波提取法、超声提取法等。本实验使用较为常用且简便的热水浸提法。热水浸提法是用热水使菌体细胞中的多糖扩散到溶剂中,将混合液浓缩后使用乙醇沉淀多糖,冷冻干燥即获得粗多糖。实验步骤主要为:粉碎→浸提→浓缩→醇析→干燥,获得粗多糖。该方法的工艺和设备简单,且不易引起多糖降解,是一种真菌多糖提取的经典方法。

➤ **实验目的**

了解真菌多糖的基本知识,学习并掌握真菌多糖粗提方法。

➤ **实验材料**

香菇($Lentinula\ edodes$)、侧耳($Pleurotus\ sp.$)等。

➤ 试剂与器材

1. 试剂

无水乙醇。

2. 设备和器材

干燥箱、粉碎机、电磁炉、冷冻干燥机、玻璃棒、烧杯、纱布等。

➤ 实验操作

1. 原料粉碎

称取新鲜子实体 500 g。或取新鲜子实体烘干至恒重,或直接取干燥子实体,用粉碎机粉碎,称取 100~200 g。

2. 热水浸提

将粉碎后的子实体放入锅中并加入 2 L 蒸馏水,加热至沸腾并保持 90 ℃以上 40~60 min;使用 4~6 层纱布过滤,收集滤液;滤渣重新放入锅中,加 1 L 蒸馏水,继续煮 20 min;再次过滤,合并滤液,弃去滤渣。

3. 浸出液浓缩

将滤液倒回干净的锅中,继续加热,直至将滤液浓缩至约 200 mL。

4. 乙醇醇析

将浓缩液倒入烧杯中,加入 3~5 倍体积的无水乙醇,用玻璃棒沿同一方向不断搅动,使多糖沉淀缠绕在玻璃棒上(图 8-1),将玻璃棒上的多糖置于一个小烧杯中。

图 8-1 侧耳多糖

5. 粗糖干燥

冷冻干燥粗多糖,得到粗多糖干样品。

➤ **思考题**

(1)简述真菌多糖的提取步骤。

(2)说说生活中你见过的真菌多糖及其相关产品。

➤ **知识扩展**

大型真菌的食药用价值

中医自古以来就有"药食同源"的理论,其基本思想最早记载于《黄帝内经》——"空腹食之为食物,患者食之为药物",即指许多食物即为药物,既可作为食物日常食用,又可作为药物治疗疾病。

我国是最早认识和食用大型真菌的国家。考古发现,浙江余姚河姆渡村遗址的出土物中就有大型真菌,表明早在距今6000～7000年前,中国古代祖先就已经开始以菌为食。数千年来,祖先们开展了大量的菌类观察、采食、记录和栽培实践,在历代农业专著、文学作品及地方志中都有大量记载,最早对菌类观察的记载可追溯到秦汉以前。随着社会进步和生活水平的提高,人们对绿色健康饮食的追求也越来越高,食用菌的绿色无污染等特点也越来越受到消费者青睐。食用菌的营养价值兼具动物性食物高蛋白和植物性食物低脂肪的优点,是优质又健康的食物。

食用菌含有丰富的蛋白质,是优质蛋白质和氨基酸的来源。鲜菇和干菇中蛋白质含量为1.5%～6.0%和15%～35%,且人体消化率较高。其氨基酸组成丰富,除可提供人体需要外,呈味氨基酸也是食用菌鲜味的来源。

食用菌脂肪含量很低且不饱和脂肪酸比例较高,是其作为健康食品的重要原因。

食用菌中糖类含量非常高,可占其干重的40%～70%。这些糖类不是葡萄糖、蔗糖或果糖,而主要是营养性糖类,如海藻糖、糖原、壳多糖、可溶性多糖等。其中,壳多糖是食用菌膳食纤维的主要成分,可溶性多糖具有免疫调节、抗肿瘤、保肝等多种生物活性。

食用菌中含有多种维生素,包括维生素B_1、维生素B_{12}、维生素C、维生素K和维生素D等。食用菌中维生素B_1和维生素B_{12}含量甚至高于肉类。草菇中维生素C含量高于柚和橙。

食用菌还富含多种有益健康的矿物元素,包括磷、钾、钙、铁、锌、镁、锰等。

大型真菌的药用价值在我国传统医学中具有重要地位。我国对大型真菌药用的最早记录是东汉时期的《神农本草经》,全书收录的365种中药中有14种真菌,包括灵芝、茯苓、雷丸、桑耳、猪苓等。明朝李时珍所著《本草纲目》已将大型真菌作为一个独立的生物类群——"芝栭",包含灵芝、木耳、杉菌、香蕈、鸡枞等20余种。随着现代生物学和医学研究的深入,药用菌及其成分的制剂或保健品被应用于现代医学。自1985年以来,经批准的单方或复方制剂有100多种,如"香云肝泰片"(香菇、云芝)、"复方灵芝片"(灵芝)、"香菇多糖注射液"(香菇)、"猪苓多糖注射液"(猪苓)、"安络痛片"(安络小皮伞)、"猴头菌片"(猴头菇)等。未来,药用菌仍是一个有待深入挖掘并具有巨大应用潜力的领域。

多糖,被称为"生物反应调节剂",可作为免疫增强剂和免疫激活剂。不同的真菌多糖具有免疫调节、抗肿瘤、降血压、降血脂、降血糖、止咳祛痰、利胆保肝、健胃促消化等多种不同功效。

萜类化合物,是以异戊二烯为基本结构单元的化合物及其衍生物,有抗肿瘤、抗氧化、杀菌、镇痛、保肝解毒、止咳祛痰、驱虫等功效。

生物碱,主要有吲哚类生物碱、腺苷嘌呤类生物碱和吡咯类生物碱。吲哚类生物碱,主要是从麦角菌中分离得到的,如麦角碱、麦角新安碱、麦角胺、麦角异胺、麦角生物碱和麦角异生物碱等,可用于治疗心脑血管疾病。腺苷嘌呤类生物碱,有降胆固醇、降血脂和杀菌等活性。

甾醇类化合物,是一种重要的原维生素D,受紫外线照射可转化为维生素D,猪苓、金针菇、冬虫夏草等真菌中均含有甾醇类化合物,可用于防治软骨病。

药用菌中还含有维生素、有机酸、蛋白质、多肽、多元醇和色素类活性物质。

线上资源

实验九　灵芝标本的制作

➤ **实验目的**

了解灵芝的基本知识,学习并掌握灵芝干制标本的制作方法。

➤ **基础知识**

"灵芝"泛指灵芝科或灵芝属的大型真菌。灵芝科(Ganodermataceae Donk)隶属于担子菌门(Basidiomycota)、蘑菇纲(Agaricomycetes)、多孔菌目(Polyporales),是高等担子菌中重要且常见的类群。灵芝科子实体为一年生或多年生,木生,有菌盖,有柄或无柄。菌盖表面常有皮壳,有漆样光泽或无光泽,常有沟纹。孢子椭圆形至球形,常顶端平截,双层壁,外壁无色且光滑,内壁褐色且有小刺或其他类型突起。

灵芝属(*Garnoderma* P. Karst.)是灵芝科中具有代表性的一个属,其中赤芝和紫芝的应用最为广泛,是《中华人民共和国药典》收录的药用灵芝正品。在生物分类的狭义角度,"灵芝"是一个物种名。灵芝(*G. lucidum* (Curtis) P. Karst.),为灵芝属的模式物种,亦称赤芝、红芝。其多生于阔叶树木桩旁或倒木上;子实体一年生,有柄,木栓质;菌盖半圆形、肾形或近圆形,红褐色,有时边缘渐变为黄褐色至黄白色,有漆样光泽,具有环状棱纹和辐射状皱纹;菌柄侧生或偶偏生,紫褐色,有光泽,与菌盖近垂直。赤芝在我国有着悠久药用历史,早在2000多年前的《神农本草经》和明代的《本草纲目》均记载了赤芝主治胸中结、益心气、补中、增智慧等功效。自古以来,赤芝被称为仙草、神芝、芝草和瑞草,既显示了其显著的医疗保健功效,又表达了其祥瑞、富贵和长寿的美好象征。紫芝(*G. sinense* J.D. Zhao,L.W. Hsu & X.Q. Zhang),亦称黑芝、玄芝。其多生于阔叶树倒木或朽根;子实体一年生,有柄,木栓质;菌盖半圆形或肾形,表面深紫红色、紫黑褐色至黑色,有漆样光泽;菌柄侧生或偏生,有光泽。现代科学研究表明,药用灵芝富含灵芝多糖、灵芝萜类、核苷、多肽、甾醇、有机酸、酶、维生素等多种生物活性物质,具有保护肝脏、保护心脑血管、调节血压、降血脂、抗肿瘤、抗氧化、抗衰老、免疫调节等多种药用和保健功能(图9-1)。

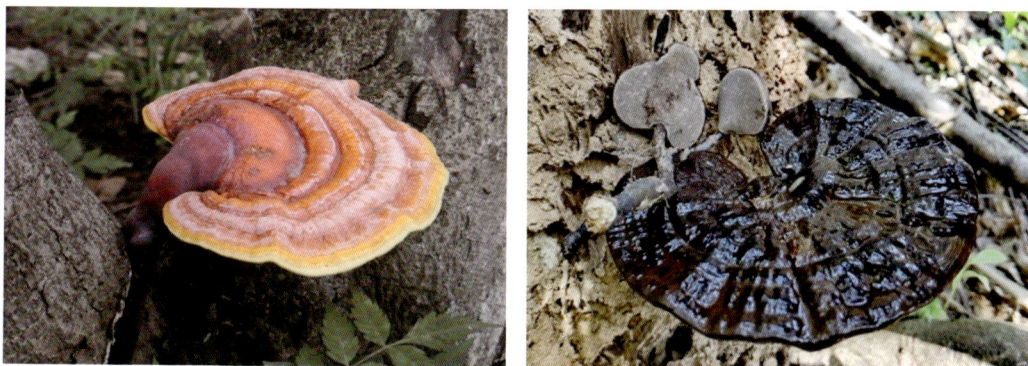

图9-1 赤芝和紫芝

生物标本是指保持生物实体原样,或者经过特殊加工处理后保持其原形或特征,用于学习、研究、展示等目的的动物、植物或微生物的完整个体或其实体的某一部分。根据制作方法不同,生物标本可分为干制标本、浸制标本、剥制标本、骨骼标本、玻片标本、琥珀标本等不同类型。灵芝为木栓质子实体,适合制作干制标本,同时具有较好的观赏价值和美好寓意。在实验中,我们将灵芝做成标本盆景,兼具学习和观赏价值。制作标本盆景前,需将灵芝子实体进行高压蒸汽灭菌处理,一方面杀灭寄生虫卵和微生物,另一方面使子实体内多糖类物质转移至表面,形成漆样保护层。

➤ 实验材料

赤芝(*Ganoderma lucidum* (Curtis) P. Karst.)。

➤ 设备与器材

灭菌锅、盆景盆、水泥砂浆、小铲子等。

➤ 实验操作

1. 清洗

取灵芝子实体活体,用清水清洗干净。

2. 灭菌

将清洗好的灵芝子实体放入灭菌锅中,121 ℃高压蒸汽灭菌15 min。灭菌后,取出并风干子实体。

3. 固定和造型

使用水泥砂浆将灵芝子实体固定在盆景盆中,可根据个人喜好适当造型(图9-2)。

4. 装饰

待水泥晾干后,可使用石子或青苔等材料个性化搭配布景。

图9-2　灵芝标本盆景

▶ **思考题**

说说你知道的关于灵芝的传说。

线上资源

▶ **知识拓展**

身边的毒蘑菇

毒蘑菇,指能够使人或动物产生中毒反应甚至死亡的蘑菇。中国毒蘑菇资源丰富、分布广泛,目前有记载的毒蘑菇有400多种。在我国,误食毒蘑菇中毒比较普遍,几乎每年都有人食用毒蘑菇严重中毒致死的报道。与"某地居民吃菌中毒产生幻觉"类似的报道常常出现在热点新闻中。"红伞伞,白杆杆,吃完一起躺板板"——这是近年来网络上流传的毒蘑菇"洗脑神曲",以提醒民众要谨防食用野生蘑菇中毒事件。"红伞伞、白杆杆"代表大众对毒蘑菇产生了误解,即有毒蘑菇颜色鲜艳。实际上,大多数毒蘑菇"外表朴素",其形态特征多样,单从形态特征上很难辨别。这也是常常引起误食蘑菇中毒的主要原因。因此,不要轻易食用不认识的野生蘑菇,必须在辨识清楚或请教有实践经验者证实无毒后,方可食用。

如食用野生蘑菇后有不适症状,应立即就医,医生应根据中毒症状和蘑菇种类开展诊治。常见的中毒类型包括以下几种(图9-3)。

(1)胃肠炎型:这类中毒是最为常见的,一般病程短、恢复快、死亡率较低。误食后,出现恶心、呕吐、腹痛、腹泻等症状。引起此类中毒的蘑菇有黄粉末牛肝菌、青褶伞、环柄菇、毒红菇等,其毒素较为复杂,有类树脂、类甲酚、呱啶、苯酚等。

(2)神经精神型:这类中毒也较为常见,病程长短不一、死亡率较低。误食后,出现精神兴奋、精神抑制或精神错乱等症状,如致幻、狂笑乱语、手舞足蹈等。引起此类中毒的蘑菇有毒蝇鹅膏、红网牛肝菌、光盖伞、裸盖菇等,其毒素主要是毒蝇碱、异噁唑类衍生物、色胺类化合物、吲哚类衍生物等。

(3)溶血型:这类中毒的潜伏期比较长,有时发展为危重症状甚至死亡。误食后,出现急性贫血、黄疸、血红蛋白尿、内脏损害、尿毒症等。引起此类中毒的真菌有鹿花菌、拟鹿花菌、疣孢褐盘菌等,其毒素主要为鹿花菌素。

(4)急性肝损伤型:这类中毒病情反复,容易被忽视,死亡率非常高。误食一段时间后,先出现肠胃炎症状,容易被误诊;随后症状缓解,病情容易在"假愈期"被忽视;而后出现多脏器损伤,以肝损伤最为严重。引起此类中毒的蘑菇有致命鹅膏、裂皮鹅膏、灰花纹鹅膏、黄盖鹅膏、肉褐鳞环柄菇等,其毒素主要为鹅膏毒肽、鬼笔毒肽和毒伞肽等。

(5)日光性皮炎型:这类中毒较容易治疗,一般无生命危险。误食后,出现日光性皮炎症状,皮肤对光照敏感,易受光照的部位出现红肿和刺痛等症状。此类中毒的真菌有胶陀螺菌、叶状耳盘菌等。

此外,还有一些其他类型的中毒,例如,亚稀褶红菇引起横纹肌溶解症,死亡率极高;亚稀褶黑菇引起呼吸及循环衰竭,死亡率较高;墨汁鬼伞含有鬼伞素,与酒精同服易中毒;赤脚鹅膏引起肾损害;另有一些毒素不明、致毒机制不清的毒蘑菇,其毒素和作用机理仍有待进一步探究。

毒蘑菇虽能引起中毒症状甚至有致命危险,但在控制剂量的情况下内服或外敷,也可治疗疾病或具有潜在医用价值。因此,毒蘑菇也是宝贵的生物资源。例如,止血扇菇可用于外用止血,一些致幻毒素有望应用于抑郁症的治疗,很多毒素可能是治疗癌症的良药。

裸盖菇

毒蝇鹅膏

肉褐鳞环柄菇

裂皮鹅膏

亚稀褶红菇

切开变红的亚稀褶红菇

图9-3　常见毒蘑菇

参考文献

[1]Boonmee S，Wanasinghe DN，Calabon MS，et al. Fungal diversity notes 1387–1511：taxonomic and phylogenetic contributions on genera and species of fungal taxa. Fungal Diversity，2021，111（1）：1–335.

[2]Xia Y，Luo F，Shang Y，et al. Fungal Cordycepin Biosynthesis Is Coupled with the Production of the Safeguard Molecule Pentostatin. Cell Chem Biology，2017，24（12）：1479–1489.

[3]Zheng P，Xia Y，Xiao G，et al. Genome sequence of the insect pathogenic fungus Cordyceps militaris，a valued traditional Chinese medicine，Genome Biology. 2011，12（11）：R116.

[4]边银丙.食用菌栽培学.北京：高等教育出版社，2017.

[5]崔颂英.药用大型真菌生产技术.北京：中国农业大学出版社，2009.

[6]郭成金.蕈菌生物学.北京：科学出版社，2014.

[7]李荣春.食用菌栽培学.北京：中国农业大学出版社，2020.

[8]林晓民，李振岐，侯军.中国大型真菌的多样性.北京：中国农业出版社，2005.

[9]刘美华，彭红卫.盾盘菌属一个新的球孢种——中国盾盘菌.菌物学报，1996，48（2）：98–100.

[10]图力古尔.多彩的蘑菇世界.上海：上海科学普及出版社，2012.

[11]图力古尔.蕈菌分类学.北京：科学出版社，2018.

[12]王科，杨祝良，赵长林，等.中国菌物汉语学名拟定和使用现状及2021年中国新物种的拉丁—汉语学名名录.菌物研究，2023，21（1）：42–64.

[13]王相刚.蕈菌学.北京：中国林业出版社，2010.

[14]杨祝良.身边的毒蘑菇.生命世界，2023（7）：52–57.

[15]张家辉,邓洪平,杨蕊.蕈菌生物学导论.重庆:西南师范大学出版社,2015.

[16]张静潮,李荣春.中国药用真菌研究概述.安徽农业科学,2014,42(18):6118-6120,6124.

[17]关于发布《中国生物多样性红色名录—大型真菌卷》的公告.(2018-5-17)[2024-12-01].https://www.mee.gov.cn/xxgk2018/xxgk/xxgk01/201805/t20180524_629586.html.

[18]朱旭芬,林文飞,霍颖异.浙江大学校园大型真菌图谱.杭州:浙江大学出版社,2019.

附录　野外常见的大型真菌

　　浙江大学紫金港校区的大型真菌资源有200余种,其中部分物种较为常见。下面以主要类群的代表性物种为例,按照《菌物字典》第10版的分类系统,参照国际菌物名称数据库 Index Fungorum(http://www.indexfungorum.org/)和 Fungal Names(https://nmdc.cn/fungalnames/),对常见的大型真菌进行归类和排列,结合图片展示和文字描述,直观展现常见的大型真菌的形态特征(附图1)。

附图1　浙江大学紫金港校区校园常见大型真菌的分布(图中的编号与分类表中的编号相对应)

常见的大型真菌分类表

子囊菌门 Ascomycota

  盘菌纲（Pezizomycetes）

    盘菌目（Pezizales）

      马鞍菌科（Helvellaceae）

        马鞍菌属（*Helvella*）

          ①灰褐马鞍菌 *Helvella ephippium* Lév.

      火丝菌科（Pyronemataceae）

        盾盘菌属（*Scutellinia*）

          ②中华盾盘菌 *Scutellinia sinensis* M.H. Liu

  粪壳菌纲（Sordariomycetes）

    炭角菌目（Xylariales）

      炭角菌科（Xylariaceae）

        柄粪壳属（*Podosordaria*）

          ③黑柄柄粪壳 *Podosordaria nigripes* (Klotzsch) P.M.D. Martin

担子菌门 Basidiomycota

  花耳纲（Dacrymycetes）

    花耳目（Dacrymycetales）

      花耳科（Dacrymycetaceae）

        假花耳属（*Dacryopinax*）

          ④匙盖假花耳 *Dacryopinax spathularia* (Schwein.) G.W. Martin

  蘑菇纲（Agaricomycetes）

    木耳目（Auriculariales）

      木耳科（Auriculariaceae）

        木耳属（*Auricularia*）

          ⑤皱木耳 *Auricularia delicata* (Mont. ex Fr.) Henn

    蘑菇目（Agaricales）

      蘑菇科（Agaricaceae）

        蘑菇属（*Agaricus*）

          ⑥四孢蘑菇 *Agaricus campestris* L.

        青褶伞属（*Chlorophyllum*）

          ⑦大青褶伞 *Chlorophyllum molybdites* (G. Mey.) Massee

        拟鬼伞属（*Coprinopsis*）

⑧墨汁拟鬼伞 *Coprinopsis atramentaria* (Bull.) Redhead, Vilgalys & Moncalvo

环柄菇属(*Lepiota*)

⑨冠状环柄菇大孢变种 *Lepiota cristata* var. *macrospora* (Zhu L. Yang) J. F. Liang & Zhu L. Yang

⑩肉褐鳞环柄菇 *Lepiota brunneoincarnata* Chodat & C. Martin

大环柄菇属(*Macrolepiota*)

⑪白大环柄菇 *Macrolepiota albuminosa* (Berk.) Pegler

杯伞科(Clitocybaceae)

金钱菌属(*Collybia*)

⑫紫晶金钱菌 *Collybia sordida* (Schumach.) Z.M. He & Zhu L. Yang

小皮伞科(Marasmiaceae)

小皮伞属(*Marasmius*)

⑬硬柄小皮伞 *Marasmius oreades* (Bolton) Fr.

小菇科(Mycenaceae)

雅典娜小菇属(*Atheniella*)

⑭黄白雅典娜小菇 *Atheniella flavoalba* (Fr.) Redbead et al.

泡头菌科(Physalacriaceae)

冬菇属(*Flammulina*)

⑮金针菇 *Flammulina velutipes* (Curtis) Singer

小脆柄菇科(Psathyrellaceae)

小鬼伞属(*Coprinellus*)

⑯白小鬼伞 *Coprinellus disseminatus* (Pers.) J.E. Lange

⑰晶粒小鬼伞 *Coprinellus micaceus* (Bull.) Vilgalys, Hopple & Jacq. Johnson

裂褶菌科(Schizophyllaceae)

裂褶菌属(*Schizophyllum*)

⑱裂褶菌 *Schizophyllum commune* Fr.

球盖菇科(Strophariaceae)

田头菇属(*Agrocybe*)

⑲平田头菇 *Agrocybe pediades* (Fr.) Fayod

垂幕菇属(*Hypholoma*)

⑳红垂幕菇 *Hypholoma cinnabarinum* Teng

未定科

　黑蛋巢菌属（*Cyathus*）

　　㉑隆纹黑蛋巢菌 *Cyathus striatus* Willd.

牛肝菌目（Boletales）

　硬皮马勃科（Sclerodermataceae）

　　豆马勃属（*Pisolithus*）

　　　㉒彩色豆马勃 *Pisolithus tinctorius* (Mont.) E. Fisch

　乳牛肝菌科（Suillaceae）

　　乳牛肝菌属（*Suillus*）

　　　㉓点柄乳牛肝菌 *Suillus granulatus* (L.) Roussel

地星目（Geastrales）

　地星科（Geastraceae）

　　地星属（*Geastrum*）

　　　㉔木生地星 *Geastrum mirabile* Mont.

鬼笔目（Phallales）

　鬼笔科（Phallaceae）

　　散尾鬼笔属（*Lysurus*）

　　　㉕五棱散尾鬼笔 *Lysurus mokusin* (L.) Fr.

　　鬼笔属（*Phallus*）

　　　㉖深红鬼笔 *Phallus rubicundus* (Bosc.) Fr.

多孔菌目（Polyporales）

　多孔菌科（Polyporaceae）

　　栓菌属（*Trametes*）

　　　㉗变色栓菌 *Trametes versicolor* (L.) Lloyd

　　韧伞属（*Lentinus*）

　　　㉘漏斗韧伞 *Lentinus arcularius* (Batsch) Zmitr.

　　　㉙虎皮韧伞 *Lentinus tigrinus* (Bull.) Fr.

红菇目（Russulales）

　红菇科（Russulaceae）

　　乳菇属（*Lactarius*）

　　　㉚苍白乳菇 *Lactarius pallidus* Pers.

　　红菇属（*Russula*）

　　　㉛血根草红菇 *Russula sanguinaria* (Schumach.) Rauschert

①**灰褐马鞍菌** *Helvella ephippium* Lév.

　　灰褐马鞍菌属于子囊菌门(Ascomycota)、盘菌纲(Pezizomycetes)、盘菌目(Pezizales)、马鞍菌科(Helvellaceae)、马鞍菌属(*Helvella*)。单生或群生于针阔叶林地上或朽木上。

　　子囊果小;菌盖近马鞍形或呈不规则的马鞍形,直径0.6~1 cm,灰色至灰褐色,有的近黄褐色,表面平坦;菌盖下表面色浅,近灰白色,粗糙呈粉粒状,边缘与柄分离;菌柄圆柱形,长2~4 cm,粗0.2~0.3 cm,平滑或具浅沟,表面粗糙呈粉粒状,内部实心;子囊圆柱形,含孢子8枚,单行排列;孢子椭圆形,平滑,无色,(18~21) μm×(11~12.5) μm,含一大油滴;侧丝细长呈线形,不分枝,无或有隔,顶端膨大,粗5~8 μm。

②中华盾盘菌 *Scutellinia sinensis* M.H. Liu

　　中华盾盘菌属于子囊菌门（Ascomycota）、盘菌纲（Pezizomycetes）、盘菌目（Pezizales）、火丝菌科（Pyronemataceae）、盾盘菌属（*Scutellinia*）。散生或群生于林地潮湿的沃土上。

　　子囊盘小，1～1.5 mm，散生，无柄，盘状渐平展，外部具坚挺的淡黄褐色的毛，近边缘处的毛较长；子实层厚195～259 μm，浅橙红色或橙黄色，外部的颜色相同或稍淡；子囊圆柱形、具囊盖、壁薄，顶部钝圆，具8个孢子；子囊孢子球形，微黄色，16.9～18.5 μm；子囊孢子含一个大油滴，孢子表面具分散的疣，疣半球状，互不相连；侧丝线形，具隔膜，粗3～4 μm，顶端膨大，粗7～8 μm。

③黑柄柄粪壳(别称乌灵参或鸡茯苓)*Podosordaria nigripes*(Klotzsch)P.M.D. Martin

　　黑柄柄粪壳属于子囊菌门(Ascomycota)、粪壳菌纲(Sordariomycetes)、炭角菌目(Xylariales)、炭角菌科(Xylariaceae)、柄粪壳属(*Podosordaria*)。

　　菌核生长在废弃的白蚁窝上,其地下部分连接着白蚁窝,高3.5～16 cm,早期白色,后变黑色;头部有纵行皱纹;柄长1.5～7 cm,粗1～5 mm;假根从柄基部延伸在地下可达23 cm,末端连接着菌核;菌核卵圆形,暗褐色至黑色,(5～7)cm×(3.5～5)cm;子囊圆柱状,子囊孢子不等边椭圆形至半球形,褐色,(4～5.7)μm×(2.5～3)μm。

　　菌核可入药,性温,味微苦,具有除湿、镇惊、止心悸、催乳、补肾、安眠等功效。

④匙盖假花耳(别称桂花耳)*Dacryopinax spathularia*（Schwein.）G.W. Martin

匙盖假花耳属于担子菌门（Basidiomycota）、花耳纲（Dacrymycetes）、花耳目（Dacrymycetales）、花耳科（Dacrymycetaceae）、假花耳属（*Dacryopinax*）。春至秋季生于腐木上，群生或丛生。

子实体微小，高0.5～1.5 cm，直径0.7 cm，匙形或鹿角形，上部常不规则裂成瓣状，形似桂花，新鲜时橙黄色或鲜黄色，光滑，干后橙黄色至红褐色；菌柄下部粗0.2～0.3 cm，有细绒毛和纵皱，基部栗褐色至黑褐色，延伸入腐木裂缝中；担子二分叉；孢子椭圆形或近肾形，光滑，无色，(7.8～12) μm × (3～4.5) μm。

可食用。

⑤皱木耳 *Auricularia delicata*（Mont. ex Fr.）Henn

皱木耳属担子菌门（Basidiomycota）、蘑菇纲（Agaricomycetes）、木耳目（Auriculariales）、木耳科（Auriculariaceae）、木耳属（*Auricularia*），生长于赤杨、千年桐等阔叶树枯腐木上，群生。

子实体一般较小，胶质，耳形或圆盘形，无柄，着生于腐木上，直径（1～7）cm ×（1～4）cm；子实层生里面，淡红褐色，有明显皱褶并形成网格，外面稍皱，红褐色；孢子透明无色，圆筒形，弯曲，光滑，（10～13）μm ×（5～6）μm。

可食用或药用，有补气血、润肺、止血、滋润、通便的功效。

⑥四孢蘑菇 *Agaricus campestris* L.

四孢蘑菇属于担子菌门（Basidiomycota）、蘑菇纲（Agaricomycetes）、蘑菇目（Agaricales）、蘑菇科（Agaricaceae）、蘑菇属（*Agaricus*）。分布极广泛，常常生长在草地、田野、公园草坪等处，单生或群生。

子实体中等大；菌盖直径可达 10 cm，起初近圆形，后平展，白色，光滑，或具细微丝光，或稍有鳞片；菌肉白色，厚，具蘑菇特有的气味；菌褶初粉红色，后变褐色至黑褐色，密，窄，离生，不等长；菌柄近圆柱形，长 3～6 cm，粗 1～2 cm，白色，光滑，具丝光泽，实心；菌环单层，白色，膜质，生菌柄中上部，易脱落；孢子印褐色，每个担子上着生 4 个担孢子，孢子椭圆形，黄褐色，光滑，(6～8) μm ×(4～5) μm。

味美可食用。

⑦**大青褶伞**（别称铅青褶伞）*Chlorophyllum molybdites*（G. Mey.）Massee

　　大青褶伞属于担子菌门（Basidiomycota）、蘑菇纲（Agaricomycetes）、蘑菇目（Agaricales）、蘑菇科（Agaricaceae）、青褶伞属（*Chlorophyllum*）。夏秋季生林中或林缘草地上，群生或散生，多生长于野外，在家中花盆里、食用菌腐殖土中也能生长。

　　子实体大，白色；菌盖直径5～25 cm，半球形或扁半球形，后期近平展，中部稍凸起；幼时表皮暗褐色或浅褐色，逐渐开裂而产生鳞片，顶部鳞片大而厚，呈褐色，边缘渐少或脱落；菌盖部菌肉白色或带浅粉红色，松软；菌褶离生，宽，不等长，初期污白色，后期呈浅绿至青褐色，褶缘有粉粒；菌柄圆柱形，长10～28 cm，粗1～2.5 cm，纤维质，表面光滑，污白色至浅灰褐色，菌环以上光滑，环以下有白色纤毛，基部稍膨大，内部空心，菌柄菌肉伤处变褐色；菌环膜质，生长于菌柄上部；孢子印暗灰绿色，孢子宽卵圆形至宽椭圆形，无色，（25～45）μm×（2～8）μm。

　　有毒，胃肠炎型。

⑧墨汁拟鬼伞 *Coprinopsis atramentaria*（Bull.）Redhead，Vilgalys & Moncalvo

　　墨汁拟鬼伞属于担子菌门（Basidiomycota）、蘑菇纲（Agaricomycetes）、蘑菇目（Agaricales）、蘑菇科（Agaricaceae）、拟鬼伞属（*Coprinopsis*）。春秋季节于林中地上或树桩周围群生。

　　子实体小到中型；菌盖直径2～6 cm，卵形至钟形，灰白色至灰褐色，具明显纵条纹；菌肉白色至灰白色，薄，开伞后液化成墨汁状；菌褶离生，密，不等长；菌柄圆柱状，长5～15 cm，粗1～2.5 cm，污白色，表面光滑，内部空心；菌环膜质，生柄上部；孢子印黑色，孢子椭圆形，黑褐色，(7～10) μm×(5～6) μm。

　　有幼时食用记录，也有中毒记录，尤其与酒同食会引起中毒。可入药，多外用，治无名肿毒或疮疽。

⑨冠状环柄菇大孢变种 *Lepiota cristata* var. *macrospora*（Zhu L. Yang）J. F. Liang & Zhu L. Yang

　　冠状环柄菇大孢变种属于担子菌门（Basidiomycota）、蘑菇纲（Agaricomycetes）、蘑菇目（Agaricales）、蘑菇科（Agaricaceae）、环柄菇属（*Lepiota*）。夏季至秋季生在林中腐叶层、草丛或苔藓间，群生或单生。

　　子实体小而细弱；菌盖直径2～4 cm，白色，中部至边缘有红褐色鳞片，边沿近齿状；菌肉白色，薄；菌褶白色，密，离生，不等长；菌柄细长，柱形，长3～6 cm，粗0.2～0.6 cm，空心，表面光滑，基部稍膨大；孢子印白色，孢子或无色，光滑或卵圆、椭圆或长椭圆形，（5.5～8）μm×（3～4.5）μm；有褶缘囊体。

　　有毒。

⑩肉褐鳞环柄菇 *Lepiota brunneoincarnata* Chodat & C. Martin

　　肉褐鳞环柄菇属于担子菌门（Basidiomycota）、蘑菇纲（Agaricomycetes）、蘑菇目（Agaricales）、蘑菇科（Agaricaceae）、环柄菇属（*Lepiota*）。夏秋季于林下、路边、房屋周围的草地上均可生长，群生或单生。

　　子实体小；菌盖直径2～4 cm，带浅肉粉红色，具褐红色或暗紫褐色鳞片，中部鳞片密集色深，边缘有短条棱，幼时菌盖半球形，开伞后平展；菌肉粉白色，近表皮处带肉粉色；菌褶白又带粉色，离生，稍密，不等长，受伤变暗红色；菌柄长3～6 cm，粗0.3～0.7 cm，颜色同菌盖，菌环以下具环带状排列的小鳞片，内部松软至空心；无菌托，有菌环，菌环生柄上部，往往只留有痕迹；孢子印白色，孢子卵圆至宽椭圆形，无色，光滑，（7.8～8.8）μm ×（4～5）μm；有褶缘囊体。

　　剧毒，含毒肽和毒伞肽，发病初期为胃肠炎症状，然后肝肾受害、烦躁、抽搐、昏迷，死亡率高。

⑪白大环柄菇（别称鸡枞菌）*Macrolepiota albuminosa*（Berk.）Pegler

　　鸡枞菌属于担子菌门（Basidiomycota）、蘑菇纲（Agaricomycetes）、蘑菇目（Agaricales）、蘑菇科（Agaricaceae）、大环柄菇属（*Macrolepiota*）。夏季常见于针阔叶林中地上或荒地上，基柄与白蚁巢相连，散生至群生。白蚁与鸡枞菌为相互依存的共生关系。

　　子实体中等至大型；菌盖直径 3～20 cm，幼时半球形至钟形并逐渐伸展，表面光滑，顶部显著凸起呈斗笠形，灰褐色或褐色、浅土黄色、灰白色，边缘色淡，成熟后辐射状开裂，似鸡爪；菌褶白色至乳白色，弯生或近离生，稠密，窄，不等长，边缘波状；菌肉白色，较厚；菌柄较粗壮，长 5～15 cm，粗 0.7～1.5 cm，白色或同菌盖色，内实，纤维质，基部膨大具有褐色至黑褐色的细长假根，长可达 10～55 cm，伸向白蚁巢；孢子椭圆形，无色，光滑，（7～9）μm×（5～6）μm。

　　味美可食用，子实体充分成熟时有特殊的香气。

⑫紫晶金钱菌 *Collybia sordida* (Schumach.) Z.M. He & Zhu L. Yang

　　紫晶香蘑属于担子菌门（Basidiomycota）、蘑菇纲（Agaricomycetes）、蘑菇目（Agaricales）、杯伞科（Clitocybaceae）、金钱菌属（*Collybia*）。夏秋季在山坡草地、草原、菜园、村庄路旁、火烧地、堆肥等处,群生或近丛生。

　　子实体大小中等;菌盖直径4～8 cm,较为平展,边缘常缺刻,水浸状(故称花脸蘑),紫色;菌褶直生或稍弯生,中等密度,淡紫色;菌柄圆柱状,长4～6.5 cm,粗0.3～1.2 cm,实心,光滑,淡紫色;菌肉具有芳香气味;孢子宽椭圆形至卵圆形,粗糙,无色,(7～9.5) μm × (4～5.5) μm。

　　美味,可食用。

⑬硬柄小皮伞 *Marasmius oreades*（Bolton）Fr.

　　硬柄小皮伞属于担子菌门（Basidiomycota）、蘑菇纲（Agaricomycetes）、蘑菇目（Agaricales）、小皮伞科（Marasmiaceae）、小皮伞属（*Marasmius*）。夏秋季在草地上群生并形成蘑菇圈，有时生林中地上。

　　子实体较小；菌盖直径3～5 cm，扁平球形至平展，中部平或稍凸，浅肉色至深土黄色，光滑，边缘平滑或湿时稍显出条纹；菌肉近白色，薄；菌褶白色，宽且稀，离生，不等长；菌柄圆柱形，长4～6 cm，粗0.2～0.4 cm，光滑，内实，孢子印白色，孢子椭球形，光滑，（7～10）μm×（4～6）μm。

　　可食用或药用。

⑭黄白雅典娜小菇 *Atheniella flavoalba*〔Fr.〕Redbead et al.

　　黄白雅典娜小菇属于担子菌门（Basidiomycota）、蘑菇纲（Agaricomycetes）、蘑菇目（Agaricales）、小菇科（Mycenaceae）、雅典娜小菇属（*Atheniella*）。秋冬季生于草地上，群生或丛生。

　　子实体较小；完全成熟菌盖直径 1～2 cm，圆锥形，后几乎平面，有时具小脐，有沟，半透明条纹，象牙白色到黄白色，中心淡黄色；菌褶贴生，有下延，不等长，白色至乳白色；菌柄圆柱形，长 2～8 cm，粗 0.15～0.3 cm，上下等粗，较脆，上部呈细霜状，向下无毛光滑，基部有粗糙白色纤维，白色；孢子印白色，孢子椭圆形至圆柱形，光滑，(7～9) μm×(3.5～4) μm。

⑮金针菇（别称毛柄冬菇或金菇）*Flammulina velutipes*（Curtis）Singer

  金针菇属于担子菌门（Basidiomycota）、蘑菇纲（Agaricomycetes）、蘑菇目（Agaricales）、泡头菌科（Physalacriaceae）、冬菇属（*Flammulina*）。冬季丛生于柳、榆、白杨树等阔叶树的枯树干及树桩上。

  子实体较小；菌盖直径 1.5～7 cm，金钱菌状，光滑，黏至黏滑，浅黄色至棕黄色；菌褶稀疏，离生或弯生；菌柄中生，长 3.5～15 cm，粗 0.3～1.5 cm，圆柱形或向基部渐细，具有绒毛，上部白色至黄色，向下渐呈暗褐色；孢子印白色至浅黄色，孢子椭圆形，光滑，透明，（5.5～8）μm×（3.5～4.2）μm。

  其气味不明显，味道温和，是一种具有较高营养价值并已被广泛栽培的食用菌。

⑯白小鬼伞 *Coprinellus disseminatus*（Pers.）J.E. Lange

　　白小鬼伞属于担子菌门（Basidiomycota）、蘑菇纲（Agaricomycetes）、蘑菇目（Agaricales）、小脆柄菇科（Psathyrellaceae）、小鬼伞属（*Coprinellus*）。夏秋季生于林中地上或腐朽的倒木、树桩、树根上，群生或丛生。

　　子实体纤弱、小型；菌盖直径1cm左右，膜质，初期卵形、钟形，后稍平展，中部淡黄色；菌肉白色，薄；菌褶离生，初期白色，渐灰色，老熟黑色，较稀，不液化；菌柄中生，长2~3 cm，粗0.1~0.2 cm，表面白色，中空，基部有白色绒毛；孢子印黑褐色，孢子椭圆形，黑褐色，光滑，$(6\sim10)\ \mu m \times (4\sim5)\ \mu m$。

⑰晶粒小鬼伞 *Coprinellus micaceus*（Bull.）Vilgalys，Hopple & Jacq. Johnson

　　晶粒小鬼伞属于担子菌门（Basidiomycota）、蘑菇纲（Agaricomycetes）、蘑菇目（Agaricales）、小脆柄菇科（Psathyrellaceae）、小鬼伞属（*Coprinellus*）。夏至秋季生于林中地上，群生或丛生。

　　子实体小；菌盖直径2～4 cm，初期卵圆形、钟形、半球形、斗笠形，污黄色至黄褐色，表面有白色颗粒状晶体，中部红褐色，边缘有显著的条纹或棱纹，后期平展而反卷；菌肉白色，薄；菌褶离生，密且窄，不等长，初期黄白色，后变黑色并与菌盖同时液化为墨汁状；菌柄中生，圆柱形，长2～11 cm，粗0.3～0.5 cm，具丝光，中空，较韧；孢子印黑色，孢子卵圆形至椭圆形，黑褐色，光滑，(7～10) μm×(5～5.5) μm。

　　有幼时食用记录，也有中毒记录，尤其与酒同食会引起中毒。

⑱裂褶菌(别称白参)*Schizophyllum commune* Fr.

　　裂褶菌属于担子菌门(Basidiomycota)、蘑菇纲(Agaricomycetes)、蘑菇目(Agaricales)、裂褶菌科(Schizophyllaceae)、裂褶菌属(*Schizophyllum*)。广泛分布于世界各地,春至秋季生于腐木或枯枝上,覆瓦状丛生,引起木材腐朽。

　　子实体小型;菌盖直径1～3 cm,白色、灰白色至黄棕色,上有绒毛或粗毛,扇形或肾形;盖缘内卷,多裂瓣;菌肉薄,革质,白色或带褐色;菌褶窄,从基部辐射而出,不等长,沿边缘纵裂;无菌柄;孢子印白色,孢子圆柱形,无色,(5～5.5) μm × 2 μm。

　　食药兼用,具有清肝明目、滋补强身的功效,可人工栽培。

⑲平田头菇 *Agrocybe pediades*（Fr.）Fayod

平田头菇属于担子菌门（Basidiomycota）、蘑菇纲（Agaricomycetes）、蘑菇目（Agaricales）、球盖菇科（Strophariaceae）、田头菇属（*Agrocybe*）。春至秋季生于林中地上或田野、路边草地上，散生至群生。

子实体较小；菌盖直径1～3.5 cm，初期半球形至扁半球形，后期扁平，顶部稍凸，湿润时稍黏，光滑，土黄色至褐黄色，中部褐色，边缘平滑无条纹；菌肉浅土黄色，薄；菌褶初期淡黄褐色，后期褐色至暗褐色，直生，不等长，较宽，稍稀；菌柄近圆柱形，下部有时弯曲，基部稍膨大，同盖色或浅，有纤毛状细鳞片，内部松软至空心，长2～6 cm，粗0.2～0.5 cm；孢子印锈褐色，孢子椭圆形或卵圆形，光滑，带浅黄色，有明显的芽孔，(10～13) μm×(7～8.5) μm。

可食用，但易与一些毒蘑菇混淆。

⑳红垂幕菇（别称红鳞花边伞）*Hypholoma cinnabarinum* Teng

红垂幕菇属于担子菌门（Basidiomycota）、蘑菇纲（Agaricomycetes）、蘑菇目（Agaricales）、球盖菇科（Strophariaceae）、垂幕菇属（*Hypholoma*）。夏秋季生于林中地上，单生或散生。

子实体小至中等；菌盖直径3～10 cm，幼时近半球形或近钟形，逐渐呈扁半球形，中部凸起，初期呈橙黄至橙红色，渐呈橘红至土红色，表面密被绒毛或丛毛状鳞片，往往部分鳞片脱落色变浅，盖缘表皮延伸有菌幕；菌肉近白色，成熟后变污白至浅褐色，较薄；菌褶初期灰白色至暗灰褐色，后期近黑色，近离生，稍密，不等长，边缘色淡呈污白色；菌柄近圆柱形，长3～10 cm，粗0.4～1 cm，颜色同菌盖，有明显的绒毛状反卷鳞片，内部松软至变空心，基部稍膨大；孢子印黑褐色，孢子卵圆形至近椭圆形，光滑，灰褐色，(5～8) μm ×(3.5～4.5) μm。

有毒。

㉑隆纹黑蛋巢菌 *Cyathus striatus* Willd.

隆纹黑蛋巢菌属于担子菌门（Basidiomycota）、蘑菇纲（Agaricomycetes）、蘑菇目（Agaricales）、黑蛋巢菌属（*Cyathus*）。夏秋季于落叶林中朽木或腐殖质多的地上或苔藓间群生。

子实体小,包被杯状,高 0.7～1.5 cm,杯口宽 0.6～1.8 cm,由栗色的菌丝垫固定于基物上;外表面有粗毛,初期棕黄色,后期色渐深,毛脱落后上部纵褶明显;内表面灰色至褐色,无毛,光滑,具明显纵纹;杯状子实体内有小包,小包扁圆形,直径 1.5～2 mm,由菌索固定于杯中,黑色;孢子长椭圆形或近卵形,无色,透明,(16～22) μm×(6～8) μm。

可药用,味微苦,具有镇痛、止血、解毒等功效。

㉒彩色豆马勃（别称豆包菌）*Pisolithus tinctorius*（Mont.）E. Fisch

　　彩色豆马勃属于担子菌门（Basidiomycota）、蘑菇纲（Agaricomycetes）、牛肝菌目（Boletales）、硬皮马勃科（Sclerodermataceae）、豆马勃属（*Pisolithus*）。分布广泛,夏秋季生于松树等林中沙地上,单生或群生。

　　子实体呈球形或近似头状,直径2.5～18 cm,下部显然缩小形成柄基部,柄长1.5～5 cm,直径1～3.5 cm;通过一团青黄色的菌丝来固定于附着物上;包被单层,较薄,光滑,易碎;初期米黄色,后变为浅锈色,最后为青褐色,成熟后上部片状脱落;内部有无数小包,小包幼期黄色后变为褐色,不规则多角形,通常扁形,直径1～4 mm;包内含孢子,孢子球形,色较深,有小刺。

　　可药用,有消肿、止血的功效。

㉓点柄乳牛肝菌 *Suillus granulatus* （L.） Roussel

　　点柄乳牛肝菌属于担子菌门（Basidiomycota）、蘑菇纲（Agaricomycetes）、牛肝菌目（Boletales）、乳牛肝菌科（Suillaceae）、乳牛肝菌属（*Suillus*）。夏秋季散生、群生或丛生于松树林或针叶混交林地上。

　　子实体大小中等；菌盖直径4.5～11 cm，扁半球形或近扁平，淡黄色或黄褐色，湿时菌盖黏滑；菌盖边缘下卷；菌肉淡黄色；菌管长约10 mm，直生或近延生；菌柄近圆柱形，长2.5～7 cm，粗0.8～1.2 cm，淡黄褐色，上部具腺点，有绒毛；孢子印肉桂色，担子棒状，其上着生4个担孢子，担孢子长方形至椭圆形，无色到淡黄色，(6.5～10) μm×(2.5～3.5) μm。

　　可食用。

㉔木生地星 *Geastrum mirabile* Mont.

　　木生地星属于担子菌门（Basidiomycota）、蘑菇纲（Agaricomycetes）、地星目（Geastrales）、地星科（Geastraceae）、地星属（*Geastrum*）。夏秋季生于倒木或阔叶林地上。

　　子实体较小，未开裂前球形至倒卵形，直径 0.5～1 cm，上部开裂为多瓣，外侧乳白色至米黄色，内侧灰褐色；内包被薄，膜质，无柄，灰褐色至暗灰色；嘴部平滑，有光泽；孢子球形，褐色，具微细小疣，直径 3～4 μm。

㉕五棱散尾鬼笔 *Lysurus mokusin*（L.）Fr.

　　五棱散尾鬼笔属于担子菌门（Basidiomycota）、蘑菇纲（Agaricomycetes）、鬼笔目（Phallales）、鬼笔科（Phallaceae）、散尾鬼笔属（*Lysurus*）。夏秋季于公园或竹林地上单生或散生。

　　子实体高5～10 cm，粗1～2 cm；柄部柱状，海绵质，中空，4～5棱柱形，粉肉红色，下部渐白色，向下渐细；顶部角锥形，分裂为4～5个爪状裂片，裂片长2～3 cm，顶端尖并愈合在一起，红褐色或深橙红色；裂片内侧有暗褐色黏液孢体，气味恶臭；菌托苞状，幼时卵圆形，白色，基部有白色菌索；孢子椭圆形，半透明，（3.5～5）μm×（1.5～2）μm。

　　可药用，外用，具有止血、解毒、消肿的功效。

㉖深红鬼笔 *Phallus rubicundus*（Bosc.）Fr.

　　深红鬼笔属于担子菌门（Basidiomycota）、蘑菇纲（Agaricomycetes）、鬼笔目（Phallales）、鬼笔科（Phallaceae）、鬼笔属（*Phallus*）。夏秋季在菜园、屋旁、路边、竹林等地上生长，散生或群生。

　　子实体中等或较大，高10～20 cm或更高；菌盖近钟形或圆锥形，具网纹格，浅红至橘红色，表面有黏液状、灰黑色、恶臭的孢体；菌盖有小孔口，红色；菌柄圆柱形，长8～18 cm，粗1～1.5 cm，海绵状，红色，中空，下部渐粗，色淡至白色；菌托鞘状，白色，有弹性；孢子椭圆形，无色，光滑，(4～4.5) μm×2 μm。

　　可药用，外用，具有清热、解毒、消肿的功效。

㉗变色栓菌(别称云芝)*Trametes versicolor*（L.）Lloyd

变色栓菌属于担子菌门（Basidiomycota）、蘑菇纲（Agaricomycetes）、多孔菌目（Polyporales）、多孔菌科（Polyporaceae）、栓菌属（*Trametes*）。生于树木桩、倒木或枯枝上，引起木材腐朽。

子实体半圆伞状，革质，长径1～10 cm，短径1～6 cm，厚1～3 cm，深灰褐色，有同心环带，有细绒毛；菌盖外缘有白色或浅褐色边，盖缘薄而锐，波状，完整；菌盖下色浅，有细密管状孔洞，内生孢子；无菌柄；孢子长椭圆形，无色，光滑，(4.5～7) μm×(1.8～2.7) μm。云芝常呈覆瓦状排列而反卷，相互连接。

可药用，具有健脾利湿、补精益气的功效。

㉘漏斗韧伞 *Lentinus arcularius*（Batsch）Zmitr.

　　漏斗韧伞属于担子菌门（Basidiomycota）、蘑菇纲（Agaricomycetes）、多孔菌目（Polyporales）、多孔菌科（Polyporaceae）、韧伞属（*Lentinus*）。春至秋生于腐木或枯枝上，群生或丛生。

　　子实体一般较小；菌盖直径1～8 cm，扁平中部脐状，后期边缘平展或翘起，似漏斗状，薄，呈褐色、黄褐色至深褐色，有深色鳞片，无环带，边缘有长毛；新鲜时韧肉质，柔软，干后变硬且边缘内卷；菌肉薄厚不及1 mm，白色或污白色；菌管白色，延生，干时呈草黄色，管口近长方圆形，辐射状排列；菌柄中生，圆柱形，长2～6 cm，粗1～5 mm，同盖色，往往有深色鳞片，基部有乳白色粗绒毛；孢子印乳白色，孢子长椭圆形，无色，平滑，(6.5～9) μm ×(2～3) μm。

　　幼嫩时柔软，可食用，干时变硬，湿润时吸收水分而恢复原状。

㉙虎皮韧伞(别称虎皮香菇、豹斑菇或斗菇)*Lentinus tigrinus*(Bull.)Fr.

　　虎皮香菇属于担子菌门(Basidiomycota)、蘑菇纲(Agaricomycetes)、多孔菌目(Polyporales)、多孔菌科(Polyporaceae)、韧伞属(*Lentinus*)。春至秋季生于阔叶树腐木上,单生或群生。

　　子实体中等至稍大;菌盖半肉质,边缘易开裂,直径2.5~13 cm;常为圆形,中部脐状至近漏斗形,白色,覆有浅褐色翘起的鳞片,中部较多,边缘少;菌肉白色,薄,具香味;菌褶密,不等长;菌柄中生或偏生,长2~5 cm,粗0.5~1.5 cm,有时基部相连,内实,白色,近革质,有细鳞片;孢子近圆柱形至长椭圆形,无色,光滑,(6~8) μm×(2~4) μm。

　　可食用。

㉚苍白乳菇 *Lactarius pallidus* Pers.

　　苍白乳菇属于担子菌门(Basidiomycota)、蘑菇纲(Agaricomycetes)、红菇目(Russulales)、红菇科(Russulaceae)、乳菇属(*Lactarius*)。夏秋季生于混交林地上,群生。

　　子实体中等至较大;菌盖直径7～12 cm,初扁半球形,开展后脐状下凹,近漏斗形,黏,无毛,色浅,浅肉桂色,浅土黄色或略带黄褐色,边缘初期内卷,后平展至上翘;菌肉苍白色,厚,致密;菌褶直生或近延生,密集,窄,薄,近柄处分叉;菌柄圆柱形,长3～6 cm,粗1～3 cm,颜色浅于菌盖或与菌盖同色,内实,后期中空;孢子印浅赭黄色,孢子近球形,有小疣,无色,直径6～9 μm。

　　可食用。

㉛血根草红菇 *Russula sanguinaria* (Schumach.) Rauschert

　　血根草红菇属于担子菌门（Basidiomycota）、蘑菇纲（Agaricomycetes）、红菇目（Russulales）、红菇科（Russulaceae）、红菇属（*Russula*）。夏秋季在针阔叶混交林地上，散生或群生。

　　子实体小或中等；菌盖直径4～10 cm，初期半球形至扁半球形，后渐平展中部下凹，玫瑰红或近血红色或带朱红色，湿润时稍黏，边缘平滑无条棱；菌肉白色，稍厚；菌褶近白色，稍密，等长或不等长，近直生至稍延生，有分叉；菌柄圆柱形，长4～7 cm，粗0.6～1.5 cm，白色带粉红色，稍有皱，内部松软至空心；孢子印白色，孢子近球形，无色，有小刺，直径7～9 μm；为树木的外生菌根菌。

　　晒干后煮洗，方可食用。